基于eNSP的路由和交换实验

——从模拟到实战

主　编　陈　娟　李艾静　徐正芹

副主编　彭来献　王　海　赵文栋

参　编　郭　晓　荣凤娟　王向东

　　　　郑学强　杨晓琴

電子工業出版社

Publishing House of Electronics Industry

北京 • BEIJING

内 容 简 介

本书从实用性出发，详细介绍了在 eNSP 软件平台上完成局域网、广域网和综合组网的实验，主要包括交换机虚拟局域网、路由聚合、路由器和网络互联、路由协议、路由重分布、网络地址转换、防火墙配置、校园网故障排除等相关实验的方法和步骤，在最后给出用实际交换机和路由器进行综合组网的实验，每个实验都包含实验原理、完整的拓扑结构和详细的实验步骤，不仅可帮助读者利用华为设备轻松完成以太网、互联网设计，更能使读者进一步理解实验所涉及的原理和应用。

本书可以作为本科教育、职业教育等高校网络工程专业的实验教材，也可以作为工程技术人员进行校园网、企业网设计与实施的参考书。

图书在版编目（CIP）数据

基于 eNSP 的路由和交换实验：从模拟到实战 / 陈娟，李艾静，徐正芹主编.
—北京：电子工业出版社，2021.9

ISBN 978-7-121-42000-9

Ⅰ. ①基… Ⅱ. ①陈… ②李… ③徐… Ⅲ. ①计算机网络—路由选择—高等学校—教材
②计算机网络—信息交换机—高等学校—教材 Ⅳ. ①TN915.05

中国版本图书馆 CIP 数据核字（2021）第 187615 号

责任编辑：王羽佳　　特约编辑：武瑞敏
印　　刷：北京虎彩文化传播有限公司
装　　订：北京虎彩文化传播有限公司
出版发行：电子工业出版社
　　　　　北京市海淀区万寿路 173 信箱　邮编：100036
开　　本：787×1092　1/16　印张：10.25　字数：263 千字
版　　次：2021 年 9 月第 1 版
印　　次：2025 年 2 月第 5 次印刷
定　　价：45.00 元

凡所购买电子工业出版社图书有缺损问题，请向购买书店调换。若书店售缺，请与本社发行部联系，联系及邮购电话：（010）88254888，88258888。

质量投诉请发邮件至 zlts@phei.com.cn，盗版侵权举报请发邮件至 dbqq@phei.com.cn。

本书咨询联系方式：（010）88254535，wyj@phei.com.cn。

前　言

计算机网络的路由和交换部分内容，学习者通常需要通过实际网络设计过程来加深对理论内容的理解，学习者也较难获取设计、实施复杂的以太网和互联网的网络实验环境进行实验学习。华为的 eNSP 软件平台能为学习者提供网络仿真环境，本书的实验正是基于 eNSP 搭建网络真实场景，并给出配套的案例，使读者能更迅速、更直观、更深刻地掌握网络的路由和交换知识。

本书针对网络的链路层和网络层设计了大量的实验，每个实验都对实验原理、实验过程中使用的 eNSP 命令和实验步骤进行了深入讨论。在本书的最后给出一个利用真实交换机和路由器进行网络构建的综合实验，不仅能使读者掌握使用 eNSP 软件和真实设备完成局域网、广域网、综合组网的网络设计、实施的方法和步骤，而且能使读者进一步理解实验所涉及的原理和技术。

本书的特色：

（1）通过熟练使用 eNSP 软件并完成相关实验，学习者在自己的计算机上就可以模拟真实的网络环境；对于有真实实验环境的学习者，在本书最后安排了一个实装综合组网实验，可以学习和体验真实的网络构建过程。

（2）本书内容简明扼要，以典型网络构建案例为实验内容，帮助学习者更好地学习网络拓扑搭建、设备配置基本操作、网络互联和协议配置等知识技能。

（3）本书实验内容紧扣计算机网络的理论教学知识点，针对性很强。通过实验案例将“体验式学习”思想贯彻其中，使枯燥难懂、复杂抽象的理论知识通过实验变得简单易懂，激发学习者对计算机网络技术的学习兴趣。

（4）本书注重培养学生的实际动手能力和应用能力，发挥学生的创造能力，通过对代表性的实验案例进行简明、清晰、准确的讲解，使学生加深对理论知识的理解，更高效地掌握相关理论依据和知识，做到教学和实验良性互动。

本书包括 17 个实验，分别是 eNSP 安装与使用、路由器基本配置、交换机基本配置、DHCP 基础配置、VLAN 基础配置、单臂路由方式实现 VLAN 间路由、利用三层交换机实现 VLAN 间路由、NAT 配置、静态路由配置、RIP 协议配置、OSPF 协议配置、路由重分布、BGP 协议配置、路由聚合、防火墙配置、综合组网实验、华为实际设备综合组网实验。

本书实验 1 由王向东编写，实验 2 由郑学强编写，实验 3 由杨晓琴编写，实验 4、实验 5、实验 6 由徐正芹编写，实验 7 和附录 A 由彭来献编写，实验 8 由王海编写，实验 9 由赵文栋编写，实验 10 由郭晓编写，实验 11、实验 12、实验 17 由陈娟编写，实验 13、实验 14、实验 16 由李艾静编写，实验 15 由荣凤娟编写。

本书可以作为本科教育、职业教育等高校网络工程专业的实验教材，也可以作为工程技术人员进行校园网、企业网设计与实施的参考书。

限于作者水平，书中难免会有疏漏，恳请各位读者批评指正！

作者

2021年1月

目　录

目　录

实验 1 eNSP 安装与使用

原理描述

eNSP（Enterprise Network Simulation Platform）是由华为提供的免费网络模拟平台软件，能够模拟 PC 终端、集线器、交换机、路由器、帧中继交换机等多种网络设备进行组网通信，支持校园网、企业网等大型网络的软件模拟，可以在没有真实设备的情况下为用户学习网络技术知识、验证网络设计部署方案、训练设备操作使用技能，提供逼真的模拟环境。

实验目的

1. 掌握 eNSP 模拟器的安装方法。
2. 了解 eNSP 软件界面与功能。
3. 掌握使用 eNSP 搭建并运行简单网络拓扑的基本方法。

实验内容

本实验首先介绍 eNSP 模拟器的下载安装方法以及软件界面功能，然后通过一个具体实例讲解如何运用 eNSP 搭建简单的网络拓扑，最后基于这个实例介绍终端设备的操作方法，以及使用 Wireshark 进行分组捕获与分析的方法。

实验步骤

1. 下载并安装 eNSP

安装单机版 eNSP 对系统的最低配置要求为：CPU 双核 2.0GHz 或以上，内存 2GB，空闲磁盘空间 2GB，操作系统为 Windows XP、Windows 7、Windows 8 和 Windows 10。要注意，在最低配置的系统环境下，组网设备的最大数量为 10 台。

安装 eNSP 之前请先确认系统能满足最低配置要求，再进行安装。下面以 Windows 7 系统为例来说明安装步骤。

第 1 步：在华为官方网站上下载最新版本的 eNSP 安装包，当前最新的版本号为 V100R002C00B510。

第 2 步：双击安装程序文件，执行安装向导，在“选择安装语言”对话框中选择“中文（简体）”，单击“确定”按钮。

第 3 步：进入欢迎界面，如图 1-1 所示，然后单击“下一步”按钮。

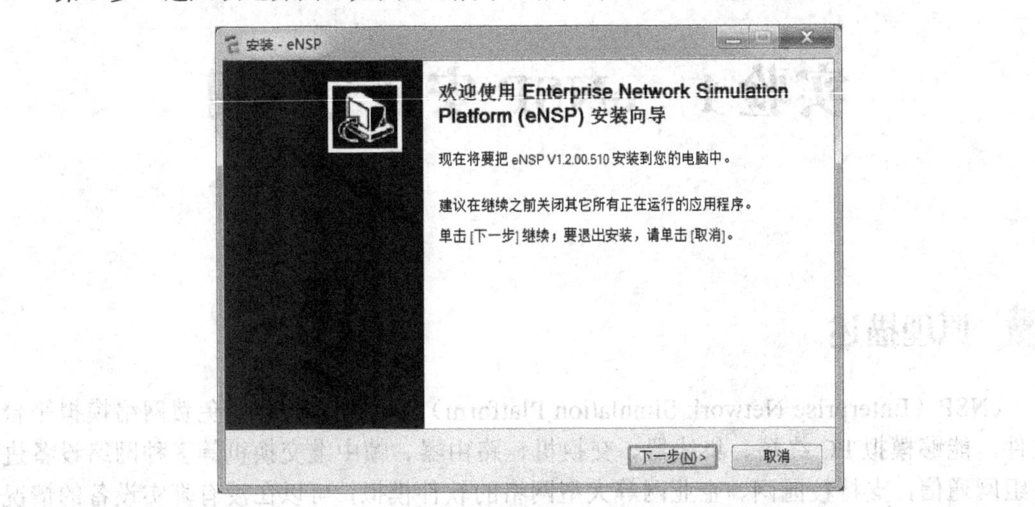

图 1-1　欢迎界面

第 4 步：设置许可协议，认真阅读并选择“我愿意接受此协议”，然后单击“下一步”按钮。

第 5 步：设置 eNSP 的安装目录，可以根据需要选择目录路径，但要注意路径中不要包含非英文字符，如图 1-2 所示，然后单击“下一步”按钮。

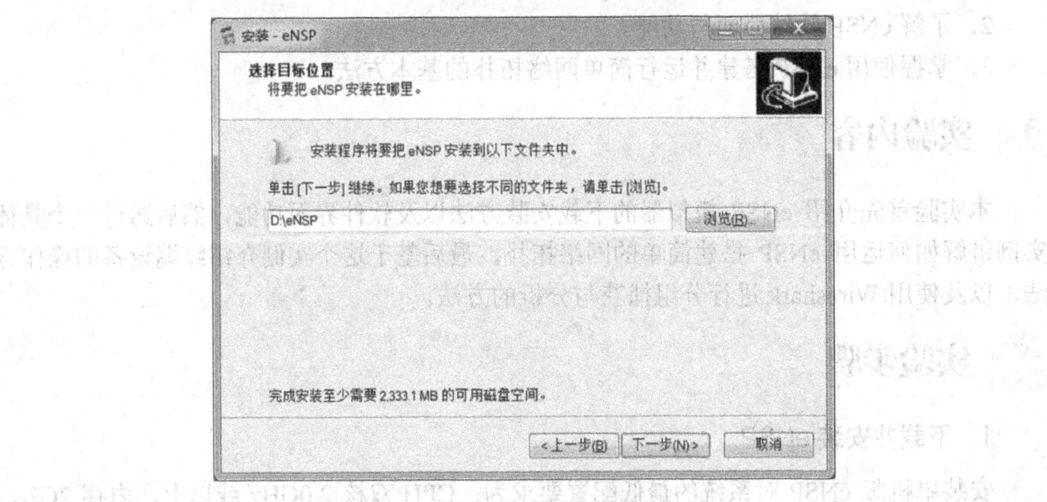

图 1-2　选择 eNSP 安装目录

第 6 步：设置 eNSP 程序的快捷方式，可以使用默认参数，然后单击“下一步”按钮。

第 7 步：选择是否要在桌面添加快捷方式，然后单击“下一步”按钮。

第 8 步：选择需要安装的其他程序，由于我们已经安装了 Wireshark，前两项可以不必安装，只选择安装 VirtualBox，然后单击“下一步”按钮，如图 1-3 所示。

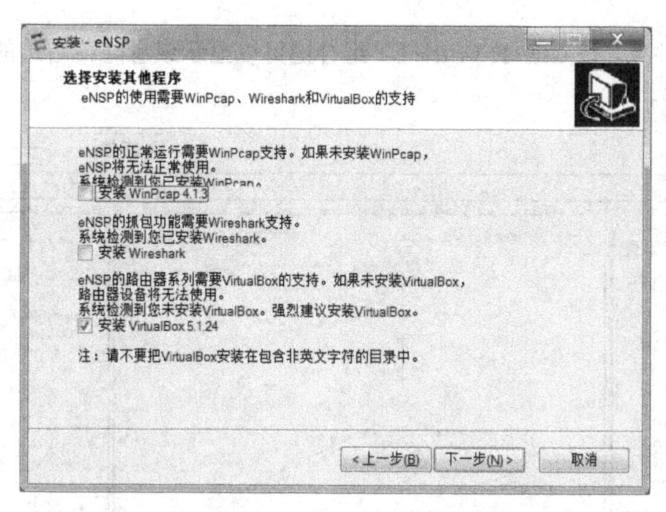

图 1-3　选择需要安装的其他程序

第 9 步：安装完 eNSP 后，会继续安装 VirtualBox。全部安装完成后，即可运行 eNSP。

2. eNSP 软件界面

启动 eNSP 模拟器后，首先会看到如图 1-4 所示的 eNSP 引导界面。该界面主要包括 4 个功能区：右上的“快捷按钮区”，以及下面并排的“样例区”“最近打开区”“学习区”。“快捷按钮区”提供“新建”和“打开”拓扑的操作入口。“样例区”提供 eNSP 自带的拓扑案例，“最近打开区”显示最近打开过的拓扑文件名称，“学习区”提供学习 eNSP 操作方法的资源入口。如果不希望每次启动都出现引导界面，可以选中“不再显示”复选框，然后单击右上角的关闭按钮，将 eNSP 引导界面关闭。

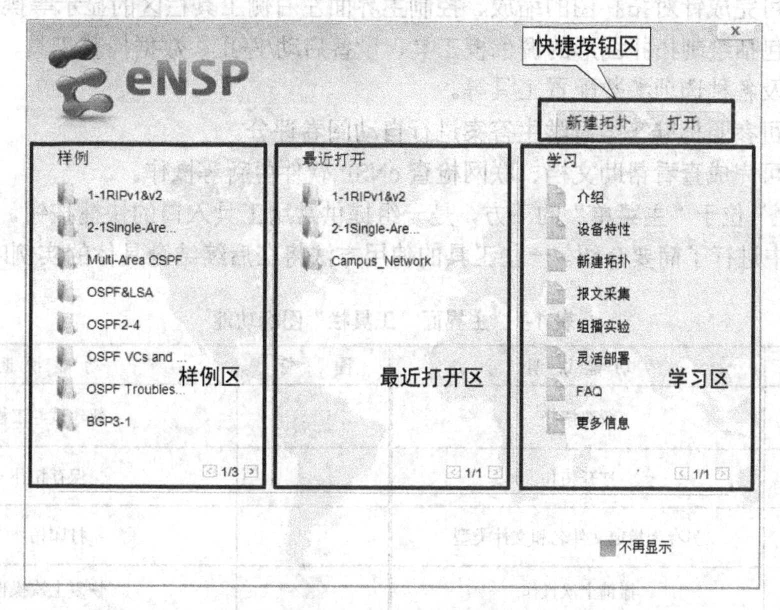

图 1-4　eNSP 引导界面

这里选择“样例区”中的第一个案例“1-1RIPv1&v2”，将出现如图 1-5 所示的主界面。主界面的五大功能区已用粗实线框出，分别是“主菜单”“工具栏”“网络设备区”“工作区”

“设备接口区”。注意，按 Ctrl+R（Ctrl+L）组合键可以显示或者隐藏右边的设备接口区（左边的网络设备区）。

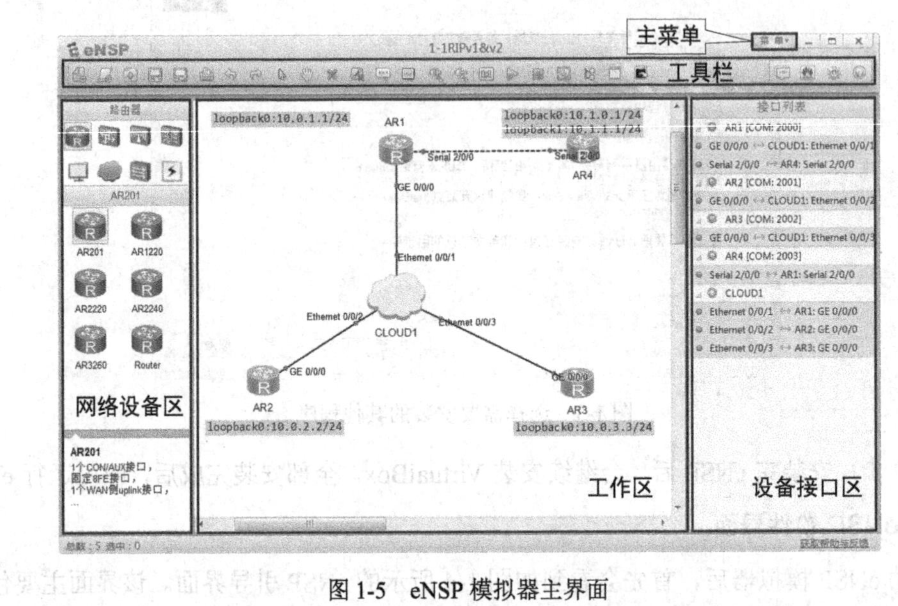

图 1-5　eNSP 模拟器主界面

“主菜单”位于主界面的右上角，是一个下拉菜单按钮。单击它会出现“文件”“编辑”“视图”“工具”“考试”“帮助”等菜单选项。每个菜单项的作用简述如下。

文件：可完成针对拓扑图文件的新建、打开、保存、打印等操作。

编辑：可完成撤销、恢复、复制、粘贴等操作。

视图：可完成针对拓扑图的缩放、控制主界面左右侧工具栏区的显示等操作。

工具：包括绘制拓扑图形的调色板工具、设备启动/停止、数据捕获工具、设备注册管理工具，以及各种选项参数配置工具等。

考试：可参照标准答案对学生答案进行自动阅卷评分。

帮助：可完成查看帮助文档、联网检查 eNSP 软件更新等操作。

“工具栏”位于“主菜单”的下方，是一组提供常用工具入口的快捷按钮。各按钮的功能在表 1-1 中进行了简要介绍。一些工具的使用方法将在后续结合具体的实例时进行介绍。

表 1-1　主界面“工具栏”图标功能

图　标	功能说明	图　标	功能说明
	新建拓扑		新建试卷工程
	打开拓扑		保存拓扑
	另存为指定文件名和文件类型		打印拓扑
	撤销上次操作		恢复上次操作
	恢复鼠标指针		选定工作区，便于移动
	删除对象		删除所有连线

续表

图　标	功 能 说 明	图　标	功 能 说 明
	添加描述框		添加图形
	放大		缩小
	恢复原大小		启动设备
	停止设备		采集数据报文
	显示所有接口		显示网格
	打开拓扑中设备的命令行界面		eNSP 论坛
	华为官网		选项设置
	帮助文档		

“网络设备区”位于主界面窗口的左侧，可为用户编辑网络拓扑图提供各种设备和连接线，参见图 1-5。实际上，“网络设备区”从上至下由设备类别区、设备型号区和参数说明区 3 部分组成。最上面的设备类别区中用图标列出了 eNSP 支持的 8 类设备，如表 1-2 所示。若在设备类别区中选择其中一种设备，则下面的设备型号区中将列出当前 eNSP 支持的该类所有设备型号。若在设备型号区选择一个图标，则该型设备的具体参数描述文字会在参数说明区中显示。例如，图 1-5 中的设备类别区选择了路由器，设备型号区选择了 AR201，参数说明区对 AR201 进行了具体描述。

表 1-2　设备类别表

图　标	功 能 说 明	图　标	功 能 说 明
	企业路由器		企业交换机
	WLAN 设备		防火墙
	终端设备		其他设备
	自定义设备		连接线

“工作区”位于主界面窗口的中部，用户可在此区域创建网络拓扑。图 1-5 中的“工作区”显示的是案例“1-1RIPv1&v2”的网络拓扑。

“设备接口区”显示拓扑中的设备和设备已连接的接口。在启动设备运行后，可通过观察该区域中设备的指示灯颜色来了解接口的运行状态。红色表示设备未启动或接口处于物理 DOWN 状态；绿色表示设备已启动或接口处于物理 UP 状态；蓝色表示接口正在采集报文。右击设备名，可以启动/停止设备。右击处于物理 UP 状态的接口名，可启动/停止接口报文采集。

3. 搭建并运行网络拓扑

下面我们搭建一个简单的网络拓扑：一台交换机连接两台终端。基本操作步骤如下。

第 1 步：新建拓扑。单击工具栏中的“新建拓扑”图标，创建一个空白的实验场景。接下来按组合键 Ctrl+S，弹出“另存为”对话框，将该拓扑命名并保存到本地硬盘。

第 2 步：选择设备。首先，添加交换机：在网络设备区顶部单击“企业交换机”图标，并单击下方显示的型号为 S3700 的交换机图标，此时将鼠标指针移动到右侧空白实验场景后发现，鼠标指针形状由箭头变成了交换机样式，单击鼠标则自动添加一台交换机。其次，添加终端：方法同上述添加交换机，单击左侧的“终端设备”图标，在下面出现的所有终端设备中单击图标，并在右侧实验场景中的不同位置单击鼠标两次，添加两台 PC 终端。单击工具栏中的“恢复鼠标指针”图标，然后双击终端设备名称，重命名为 PC1 和 PC2，效果如图 1-6 所示。如果此过程中操作有误，想删除已添加的某些设备，只需单击工具栏中的“删除”图标，鼠标指针在实验场景中变成十字形状，然后单击欲删除的设备，并在弹出的窗口中单击“是”按钮，即可成功删除。

图 1-6　选择终端设备

第 3 步：连接设备。在网络设备区顶部单击“连接线”图标，在显示的连接线中单击图标，然后单击设备并选择端口进行连接。此交换机显示 22 个以太网口，PC 终端均有一个以太网口，设备端口连接对应关系如表 1-3 所示，其中 E 表示以太网端口。网络建立后发现，PC 与交换机连线的两端均为红点，说明目前所有端口都处于关闭状态。

表 1-3　设备端口连接对应关系

PC1 端口……E0/0/1	LSW1 端口……E0/0/1
PC2 端口……E0/0/1	LSW1 端口……E0/0/2

第 4 步：配置设备。交换机为即插即用设备，无须配置，交换机连接的两台终端属于同一局域网，PC 间实现通信的基本配置是 IP 地址和子网掩码。右击终端 PC1，在弹出的快捷菜单中选择“设置”选项，打开 PC1 属性设置窗口，如图 1-7 所示。属性设置窗口主要包括“基础配置”“命令行”“组播”“UDP 发包工具”“串口”5 个标签页，分别用于不同需求设置。这里选择“基础配置”页面，在“主机名”后面输入 PC1 的主机名称；

“MAC 地址”已经存在，无须修改；“IPv4 配置”选项区域中选中“静态”单选按钮，然后在“IP 地址”和“子网掩码”后分别输入“192.168.10.2”和“255.255.255.0”，如图 1-7 所示。在本实验中，“网关”“DNS”“IPv6”无须配置。配置完成后，单击右下角的“应用”按钮，然后关闭 PC1 属性设置窗口。

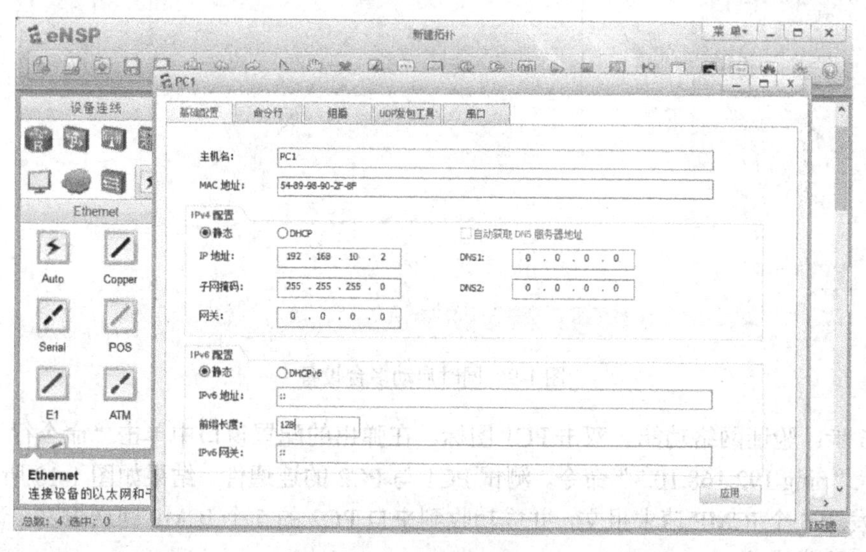

图 1-7　PC1 属性设置窗口

PC2 的配置方法同 PC1，其中，PC2 的 IP 地址和子网掩码分别为“192.168.10.3”和“255.255.255.0”。完成基础配置后，两台终端设备即可进行通信。

第 5 步：启动设备。右击 PC1，在弹出的快捷菜单中选择“启动”选项，或单击 PC1，然后单击工具栏中的“启动设备”图标，启动该设备，如图 1-8 所示。PC2 和交换机启动方法同 PC1，这种方法每次只能启动或停止一台设备。若有多台设备均需启动，则可以拖动鼠标选中所有欲启动的设备，被选中的设备均由蓝色变为土黄色，然后右击选择“启动”或单击工具栏中的“启动设备”图标，同时启动多台设备，如图 1-9 所示。此时，连线两端的红点均变为绿色，说明所有端口都处于打开状态。

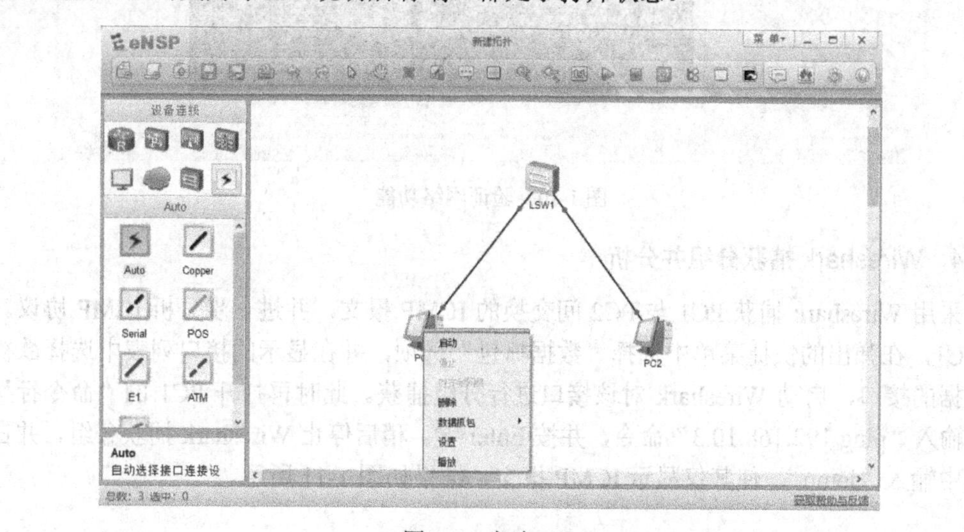

图 1-8　启动 PC1

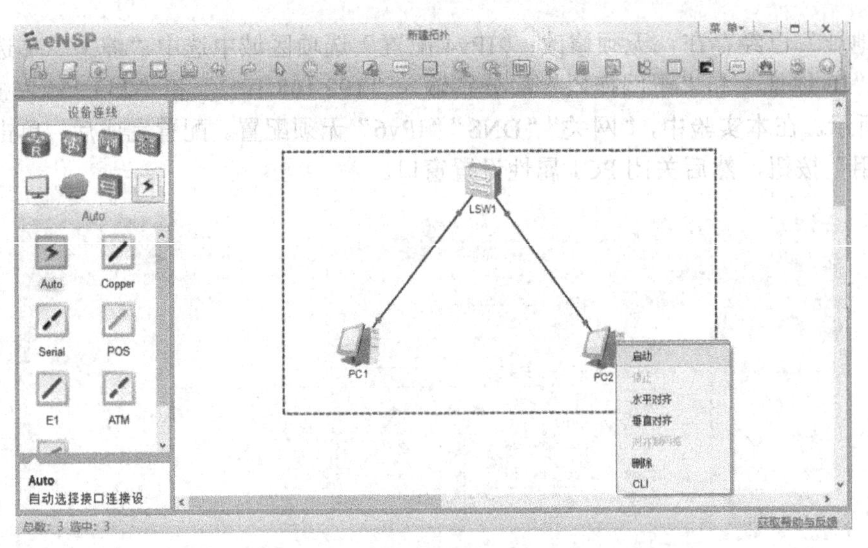

图 1-9　同时启动多台设备

第 6 步：验证网络功能。双击 PC1 图标，在弹出的配置窗口中单击“命令行”标签，直接输入“ping 192.168.10.3”命令，测试 PC1 与 PC2 的连通性，结果如图 1-10 所示。PC1 向 PC2 发送 5 个 ICMP 请求报文，并成功收到来自 PC2 的 5 个 ICMP 回送报文，说明 PC1 与 PC2 可正常通信。

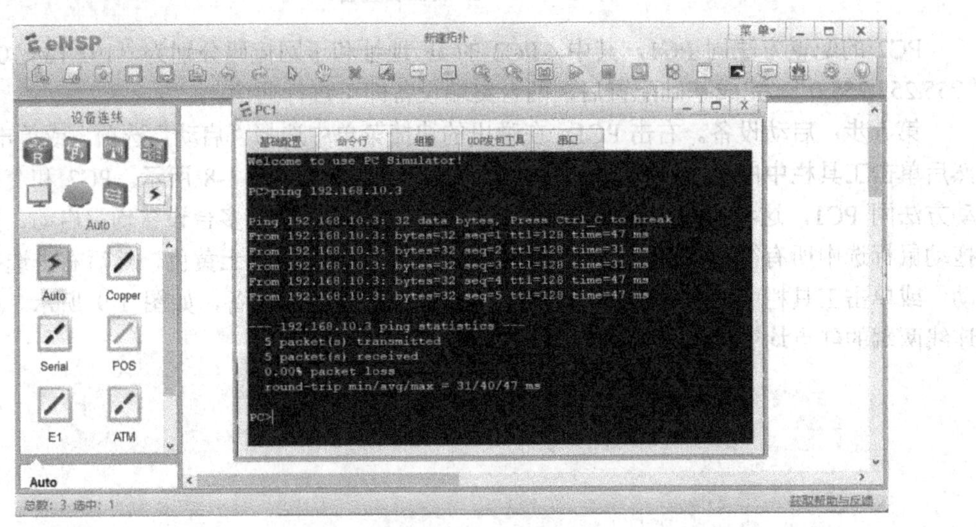

图 1-10　验证网络功能

4. Wireshark 捕获分组并分析

采用 Wireshark 捕获 PC1 与 PC2 间交换的 ICMP 报文，并进一步分析 ICMP 协议。右击 PC1，在弹出的快捷菜单中选择“数据抓包”选项，并在显示的接口列表中选择欲被捕获数据的接口，启动 Wireshark 对该接口进行分组捕获。此时再打开 PC1 的“命令行”页面，输入“ping 192.168.10.3”命令，并按 Enter 键。稍后停止 Wireshark 捕获分组，并在过滤器中输入“icmp”，使其仅显示 ICMP 报文，结果如图 1-11 所示。

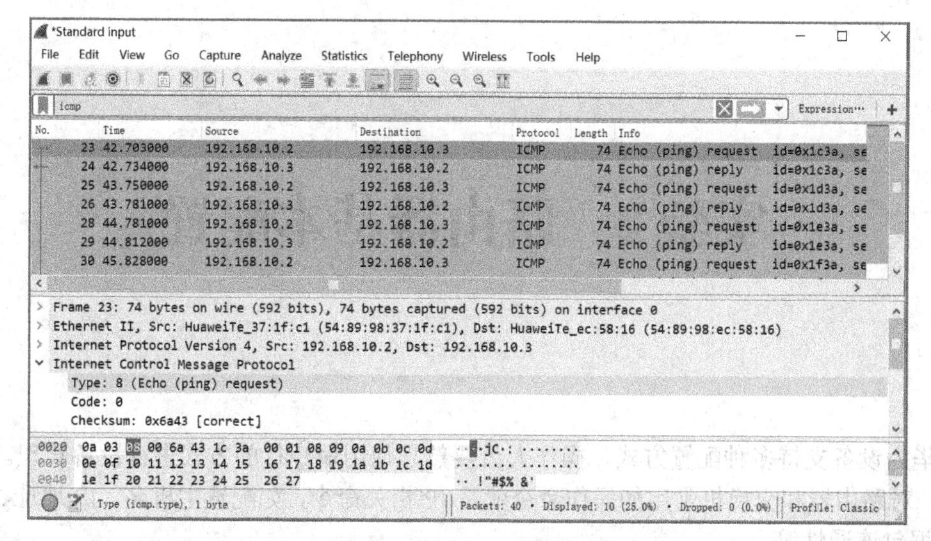

图 1-11　Wireshark 捕获数据

实验 2　路由器基本配置

华为设备支持多种配置方式，操作人员要熟悉使用命令行的方式进行设备管理。在工作中，对路由器和交换机常用的操作命令就是 IP 相关命令，如配置主机名、IP 地址、测试 IP 数据包连通性等。

 实验目的

1. 能够熟练使用路由器命名方法。
2. 能够熟练配置路由器 IP 地址。
3. 能够使用命令查看设备配置情况。
4. 能够通过 Wireshark 抓包查看数据包。

 实验内容

本实验模拟简单的网络场景，某单位购买了新的路由器和交换机。交换机 S1 连接 PC1，交换机 S2 连接 PC2，路由器连接 S1 和 S2。网络管理员需要首先熟悉设备的使用方法，包括基础的 IP 配置和查看命令。

 实验步骤

1. 建立实验拓扑

路由器基础配置的拓扑结构如图 2-1 所示，S1、S2 选择 S5700，R1 选择 AR1200，设备连线选择 Copper，连接到设备时选择 GE 或 Ethernet 接口。

设备编址如表 2-1 所示。

表 2-1　设备编址

设　备	接　口	IP 地址	子网掩码	默认网关
PC1	Ethernet 0/0/1	10.0.1.1	255.255.255.0	10.0.1.254
PC2	Ethernet 0/0/1	10.0.2.1	255.255.255.0	10.0.2.254
R1	GE 0/0/0	10.0.1.254	255.255.255.0	N/A
	GE 0/0/1	10.0.2.254	255.255.255.0	N/A

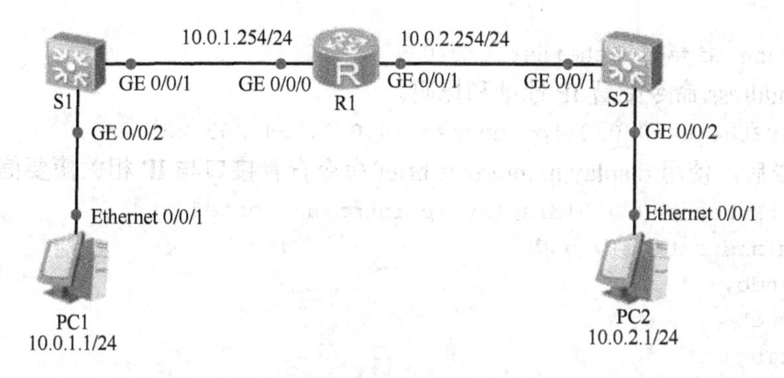

图 2-1　路由器基础配置的拓扑结构

2. 基础配置

启动设备，设置各交换机和路由器的名称，注意，每次修改参数后都要使用 save 命令进行保存。

```
<Huawei>system-view
[Huawei]sysname S1
[S1]
<S1>save
```

双击 PC1，打开图形化界面，配置 IP 地址和子网掩码，如图 2-2 所示。用同样的方式对 PC2 进行设置。

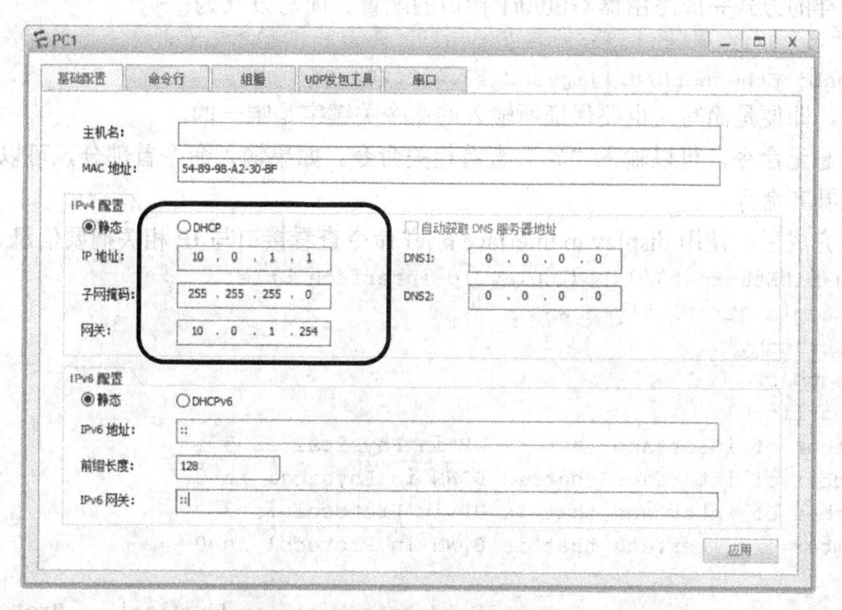

图 2-2　配置 IP 地址和子网掩码

3. 配置路由器接口 IP 地址

从系统视图进入接口视图，在该视图下配置接口相关的物理属性、链路层特性及 IP 地址等重要参数。

使用 interface 命令进入路由器相应接口视图。

```
<R1>system-view
Enter system view, return user view with Ctrl+Z.
```

```
[R1]interface GigabitEthernet 0/0/0
```

使用 ip address 命令配置 IP 地址和掩码。

```
[R1-GigabitEthernet0/0/0]ip address 10.0.1.254 255.255.255.0
```

配置完成后，使用 display ip interface brief 命令查看接口与 IP 相关摘要信息。

```
[R1-GigabitEthernet0/0/0]display ip interface brief
*down: administratively down
^down: standby
(l): loopback
(s): spoofing
The number of interface that is UP in Physical is 3
The number of interface that is DOWN in Physical is 0
The number of interface that is UP in Protocol is 2
The number of interface that is DOWN in Protocol is 1

Interface                     IP Address/Mask     Physical    Protocol
GigabitEthernet0/0/0          10.0.1.254/24       up          up
GigabitEthernet0/0/1          unassigned          up          down
NULL0                         unassigned          up          up(s)
```

可以看到 GigabitEthernet0/0/0 接口的 IP 地址已经配置完成。接口的物理状态处于正常启动的状态。

用同样的方式完成路由器 GE0/0/1 接口的配置。简写方式为：

```
[R1]int G0/0/1
[R1-GigabitEthernet0/0/1]ip add 10.0.2.254 24
```

注意，即便是简写，也要保证所输入的命令关键字是唯一的。

如果忘记命令，可以输入“？”查看相关命令。如果输入命令首部分，可以使用 Tab 键选择性补齐命令。

配置完成后，使用 display ip interface brief 命令查看接口与 IP 相关摘要信息。

```
[R1-GigabitEthernet0/0/1]display ip interface brief
*down: administratively down
^down: standby
(l): loopback
(s): spoofing
The number of interface that is UP in Physical is 3
The number of interface that is DOWN in Physical is 0
The number of interface that is UP in Protocol is 3
The number of interface that is DOWN in Protocol is 0

Interface                     IP Address/Mask     Physical    Protocol
GigabitEthernet0/0/0          10.0.1.254/24       up          up
GigabitEthernet0/0/1          10.0.2.254/24       up          up
NULL0                         unassigned          up          up(s)
```

此时路由器两个接口的 IP 地址都已经配置完成。物理接口工作正常，接口的链路协议状态处于正常启动的状态。

4. 查看路由器配置信息

经过以上步骤，路由器接口 IP 地址配置完成，通过使用 display ip routing-table 命令查看 IPv4 路由表的信息。

```
[R1]display ip routing-table
Route Flags: R - relay, D - download to fib
------------------------------------------------------------------------------
Routing Tables: Public
         Destinations : 10       Routes : 10

Destination/Mask    Proto  Pre  Cost  Flags NextHop        Interface
        10.0.1.0/24  Direct 0    0     D    10.0.1.254     GigabitEthernet0/0/0
      10.0.1.254/32  Direct 0    0     D    127.0.0.1      GigabitEthernet0/0/0
      10.0.1.255/32  Direct 0    0     D    127.0.0.1      GigabitEthernet0/0/0
        10.0.2.0/24  Direct 0    0     D    10.0.2.254     GigabitEthernet0/0/1
      10.0.2.254/32  Direct 0    0     D    127.0.0.1      GigabitEthernet0/0/1
      10.0.2.255/32  Direct 0    0     D    127.0.0.1      GigabitEthernet0/0/1
        127.0.0.0/8  Direct 0    0     D    127.0.0.1      InLoopBack0
       127.0.0.1/32  Direct 0    0     D    127.0.0.1      InLoopBack0
127.255.255.255/32   Direct 0    0     D    127.0.0.1      InLoopBack0
255.255.255.255/32   Direct 0    0     D    127.0.0.1      InLoopBack0
```

其中，Route Flags 为路由标记，R 表示该路由是迭代路由，D 表示该路由下发到 FIB 表。“Routing Tables: Public”表示此路由表是全局路由表，Destinations 表示目的网络/主机的总数，Routes 表示路由的总数，Destination/Mask 表示目的网路/主机的地址和掩码长度，Proto 表示接收此路由的路由协议，Direct 表示直连路由，Pre 表示此路由的优先级，Cost 表示此路由的网络开销值，NextHop 表示此路由的下一跳地址，Interface 表示此路由下一跳的出接口。

5. 连通性测试

使用 ping 命令测试路由器 R1 与 PC1 及 PC2 的连通性。

```
<R1>ping 10.0.1.1
  PING 10.0.1.1: 56  data bytes, press CTRL_C to break
    Reply from 10.0.1.1: bytes=56 Sequence=1 ttl=128 time=80 ms
    Reply from 10.0.1.1: bytes=56 Sequence=2 ttl=128 time=30 ms
    Reply from 10.0.1.1: bytes=56 Sequence=3 ttl=128 time=30 ms
    Reply from 10.0.1.1: bytes=56 Sequence=4 ttl=128 time=40 ms
    Reply from 10.0.1.1: bytes=56 Sequence=5 ttl=128 time=40 ms

  --- 10.0.1.1 ping statistics ---
    5 packet(s) transmitted
    5 packet(s) received
    0.00% packet loss
    round-trip min/avg/max = 30/44/80 ms

<R1>ping 10.0.2.1
  PING 10.0.2.1: 56  data bytes, press CTRL_C to break
    Reply from 10.0.2.1: bytes=56 Sequence=1 ttl=128 time=80 ms
    Reply from 10.0.2.1: bytes=56 Sequence=2 ttl=128 time=30 ms
    Reply from 10.0.2.1: bytes=56 Sequence=3 ttl=128 time=30 ms
```

```
  Reply from 10.0.2.1: bytes=56 Sequence=4 ttl=128 time=40 ms
  Reply from 10.0.2.1: bytes=56 Sequence=5 ttl=128 time=40 ms

--- 10.0.2.1 ping statistics ---
  5 packet(s) transmitted
  5 packet(s) received
  0.00% packet loss
  round-trip min/avg/max = 30/44/80 ms
```

直连网段连通性测试完毕后，测试非直连设备的连通性，即 PC1 和 PC2 的连通性。双击 PC1 打开配置界面，单击“命令行”标签。使用 ping 命令，可以看到，PC1 和 PC2 正常通信，如图 2-3 所示。

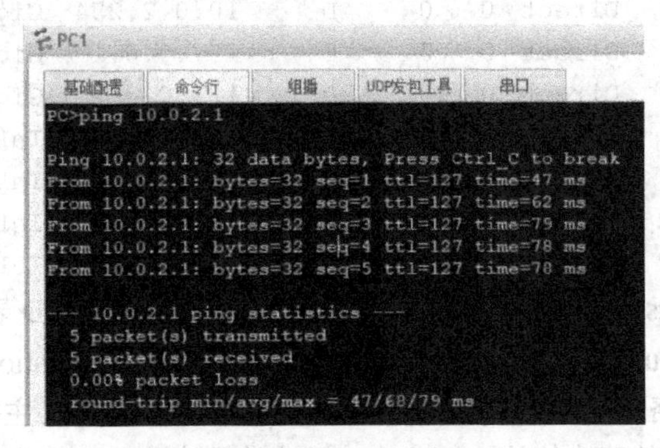

图 2-3　PC 命令行界面

6. 使用抓包工具

以抓取 R1 上 GE 0/0/0 接口的数据包为例，在 R1 和 S1 的直连链路上，在接口 GE 0/0/0 上右击，在弹出的快捷菜单中选择“开始抓包”命令，如图 2-4 所示。

图 2-4　抓包操作

此时，在打开的 Wireshark 软件界面上会显示解包结果，如图 2-5 所示。

Capturing from Standard input - Wireshark

File Edit View Go Capture Analyze Statistics Telephony Tools Help

Filter: Expression... Clear Apply

No.	Time	Source	Destination	Protocol	Info
7	12.969000	HuaweiTe_52:48:1c	Spanning-tree-(for-bridges)_00	STP	MST. Root = 32768/0/4c:1f:cc:52:48:1c Cost = 0 Port = 0x8001
8	15.109000	HuaweiTe_52:48:1c	Spanning-tree-(for-bridges)_00	STP	MST. Root = 32768/0/4c:1f:cc:52:48:1c Cost = 0 Port = 0x8001
9	17.250000	HuaweiTe_52:48:1c	Spanning-tree-(for-bridges)_00	STP	MST. Root = 32768/0/4c:1f:cc:52:48:1c Cost = 0 Port = 0x8001
10	19.406000	HuaweiTe_52:48:1c	Spanning-tree-(for-bridges)_00	STP	MST. Root = 32768/0/4c:1f:cc:52:48:1c Cost = 0 Port = 0x8001
11	21.531000	HuaweiTe_52:48:1c	Spanning-tree-(for-bridges)_00	STP	MST. Root = 32768/0/4c:1f:cc:52:48:1c Cost = 0 Port = 0x8001
12	23.719000	HuaweiTe_52:48:1c	Spanning-tree-(for-bridges)_00	STP	MST. Root = 32768/0/4c:1f:cc:52:48:1c Cost = 0 Port = 0x8001
13	25.859000	HuaweiTe_52:48:1c	Spanning-tree-(for-bridges)_00	STP	MST. Root = 32768/0/4c:1f:cc:52:48:1c Cost = 0 Port = 0x8001
14	28.094000	HuaweiTe_52:48:1c	Spanning-tree-(for-bridges)_00	STP	MST. Root = 32768/0/4c:1f:cc:52:48:1c Cost = 0 Port = 0x8001

Frame 1: 119 bytes on wire (952 bits), 119 bytes captured (952 bits)
IEEE 802.3 Ethernet
Logical-Link Control
Spanning Tree Protocol

图 2-5　Wireshark 软件界面上显示的解包结果

还可以使用另一种方式来抓包。单击界面上方工具栏中的“数据抓包”按钮，此时出现“采集数据报文”对话框，选择对应设备及接口即可，如图 2-6 所示。如果不需要继续抓包，单击“停止抓包”按钮即可。

图 2-6　“采集数据报文”对话框

实验 3　交换机基本配置

原理描述

交换机（Switch）也称为交换式集线器，其工作在 OSI 第二层（数据链路层）上，基于 MAC（介质访问控制地址）识别能完成封装转发数据包功能的网络设备，它通过对信息进行重新生成，并经过内部处理后转发至指定端口，具有自动寻址能力和交换作用。交换机能为子网提供更多的连接端口，以便连接更多的计算机。

交换机之间在通过以太网电接口对接时，需要协商一些接口参数，如双工模式、接口速率等。

（1）双工模式。在通信中，根据信道使用的方式可以分为单工、半双工和全双工 3 类。交换机端口一般使用半双工或全双工。半双工是指在同一时刻端口只能发送或接收数据，全双工是指端口可以同时发送和接收数据。如果交换机的两端接口在自协商模式上不统一，就会造成报文的交互异常。

（2）接口速率。交换机的接口速率用 bps 来表示，即每秒可以传输的比特数。一般百兆交换机的接口速率为 100Mbps，千兆交换机的接口速率是 1000Mbps。交换机可根据需要调整以太网的接口速率。在默认情况下，当以太网工作在非自协商模式时，其接口速率为接口支持的最大速率。

在实际使用时，根据数据处理量和交换机的性能，可以分为接入层交换机、汇聚层交换机和核心层交换机，主要区别如下。

接入层交换机：一般用于直接连接客户端计算机。其目的是允许终端用户连接到网络，因此接入层交换机具有低成本和高端口密度特性。

汇聚层交换机：一般用于楼宇间，相当于一个局部或重要的中转站，是多台接入层交换机的汇聚点，它必须能够处理来自接入层设备的所有通信量，并提供到核心层的上行链路，因此汇聚层交换机与接入层交换机比较，需要更高的性能、更少的接口和更高的交换速率。

核心层交换机：相当于一个出口。其主要目的在于通过高速转发数据包，提供高速、优化、可靠的骨干传输结构，因此核心层交换机应拥有更高的可靠性、性能和吞吐量，一般都要求电源冗余。

实验目的

1．理解双工模式。
2．理解接口速率。
3．掌握如何更改双工模式的配置。
4．掌握如何更改接口速率的配置。

实验内容

1．实验场景

某学院根据教学需求要新组建一个网络，购置了 4 台交换机，其中 S1、S2、S3 为接入层交换机，S4 为汇聚层交换机。要求网络管理员在进行交换机基本配置时，所有接口都使用全双工模式，并根据需要配置接口速率。

2．实验要求

根据实例说明，建立一个交换机基础配置的网络拓扑，按给出的实验编址进行基本配置，然后对交换机的双工模式、接口速率进行配置。

实验步骤

1．建立实验拓扑

交换机基础配置的拓扑结构如图 3-1 所示，S1～S3 选择 S3700，S4 选择 S5700，设备连线选择 Copper，连接到设备时选择 GE 或 Ethernet 接口。

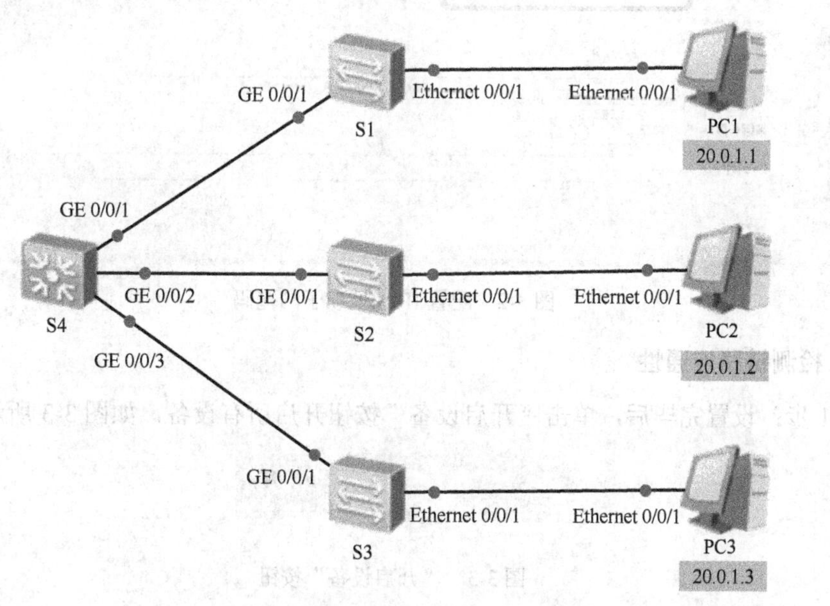

图 3-1　交换机基础配置的拓扑结构

设置各交换机的名称，注意，每次修改参数后都要使用 save 命令进行保存。

```
<Huawei>system-view
```

```
[Huawei]sysname S1
[S1]
<S1>save
```

2．设备编址

设备编址如表 3-1 所示。

表 3-1　设备编址

设　备	接　口	IP 地址	子网掩码	默认网关
PC1	Ethernet 0/0/1	20.0.1.1	255.255.255.0	N/A
PC2	Ethernet 0/0/1	20.0.1.2	255.255.255.0	N/A
PC3	Ethernet 0/0/1	20.0.1.3	255.255.255.0	N/A

双击 PC1，打开图形化界面，配置 IP 地址和子网掩码，如图 3-2 所示。用同样的方式对 PC2 和 PC3 进行设置。

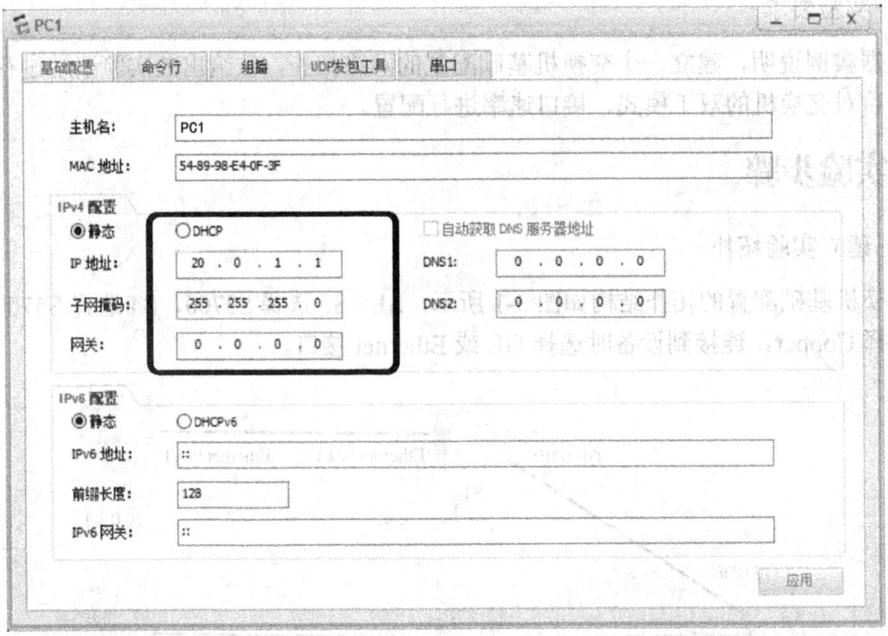

图 3-2　配置 IP 地址和子网掩码

3．检测链路连通性

第 1 步：设置完毕后，单击“开启设备”按钮开启所有设备，如图 3-3 所示。

图 3-3　“开启设备”按钮

第 2 步：在 PC1 的图形化界面“命令行”页面中输入 ping 命令，检测每条直连链路的连通性，如图 3-4 所示。

此时，PC1 和 PC2 已经可以正常通信了。

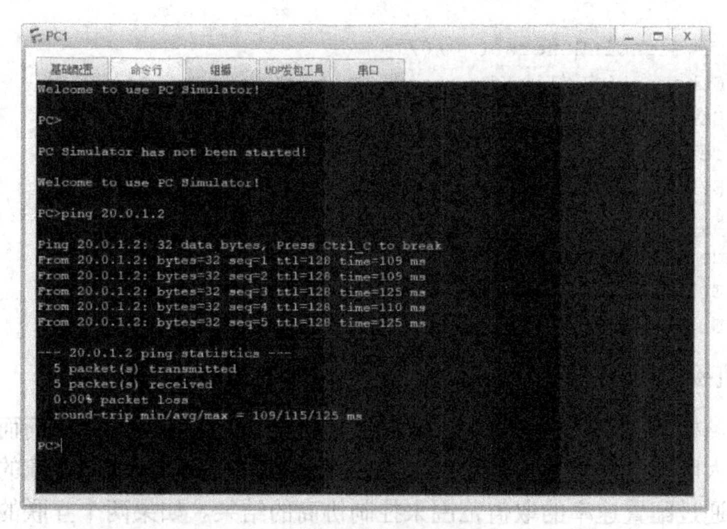

图 3-4 链路连通性检测

4. 交换机双工模式配置

配置接口的双工模式可以在以下两种模式下进行。

（1）自协商模式。在这种模式下，接口的双工模式是与对端的接口进行协商而获得的。若协商所获得的双工模式不符合实际要求，则要通过配置模式的取值范围来控制协商的结果。在默认情况下，以太网接口自协商双工模式范围为接口所支持的双工模式。如果两个互联的设备的接口都支持全/半双工，当协商工作在半双工模式而实际工作又需要在全双工模式时，就可以使用 auto duplex full 命令使其都变成全双工模式。

（2）非自协商模式。在这种模式下，可以手动配置接口的双工模式。

第 1 步：使用 system-view 和 interface 命令进入接口视图。

第 2 步：使用 undo negotiation auto 命令关掉自协商功能。

第 3 步：使用 duplex full 命令指定双工模式为全双工。

根据以上步骤依次对每个接口进行修改，具体程序如下。

```
<S1>system-view
[S1]interface GigabitEthernet 0/0/1
[S1-GigabitEthernet0/0/1]undo negotiation auto
[S1-GigabitEthernet0/0/1]duplex full

<S2>system-view
[S2]interface GigabitEthernet 0/0/1
[S2-GigabitEthernet0/0/1]undo negotiation auto
[S2-GigabitEthernet0/0/1]duplex full

<S3>system-view
[S3]interface GigabitEthernet 0/0/1
[S3-GigabitEthernet0/0/1]undo negotiation auto
[S3-GigabitEthernet0/0/1]duplex full


<S4>system-view
```

```
[S4]interface GigabitEthernet 0/0/1
[S4-GigabitEthernet0/0/1]undo negotiation auto
[S4-GigabitEthernet0/0/1]duplex full
[S4]interface GigabitEthernet 0/0/2
[S4-GigabitEthernet0/0/2]undo negotiation auto
[S4-GigabitEthernet0/0/2]duplex full
[S4]interface GigabitEthernet 0/0/3
[S4-GigabitEthernet0/0/3]undo negotiation auto
[S4-GigabitEthernet0/0/3]duplex full
```

5. 交换机接口速率配置

（1）自协商模式。在这种模式下，接口速率是与对端的接口进行协商而获得的。在默认情况下，以太网接口的自协商速率范围为接口支持的所有速率。若协商的速率不符合实际要求，则要通过配置速率的取值范围来控制协商的结果。如果两个互联的设备的接口自协商速率为 10Mbps，而实际要求是 100Mbps，就可以使用 auto speed 100 命令来进行配置。

（2）非自协商模式。手动配置接口速率，以防止发生无法正常通信的情况。在默认情况下，以太网接口的速率为接口支持的最大速率。根据网络的需要来调整接口速率。GE 接口速率为 100Mbps，Ethernet 接口速率为 10Mbps。

第 1 步：使用 system-view 和 interface 命令进入接口视图。

第 2 步：使用 undo negotiation auto 命令关掉自协商功能。

第 3 步：使用 speed 命令配置以太网接口速率。

用同样的方法设置其他交换机的接口速率。

```
[S1]interface GigabitEthernet 0/0/1
[S1-GigabitEthernet0/0/1]undo negotiation auto
[S1-GigabitEthernet0/0/1]speed 100
[S1]interface Ethernet 0/0/1
[S1-Ethernet0/0/1]undo negotiation auto
[S1-Ethernet0/0/1]speed 10
```

其中 S4 的 3 个接口速率全部设置为 100Mbps。

```
[S4]interface GigabitEthernet 0/0/1
[S4-GigabitEthernet0/0/1]undo negotiation auto
[S4-GigabitEthernet0/0/1]speed 100
[S4]interface GigabitEthernet 0/0/2
[S4-GigabitEthernet0/0/2]undo negotiation auto
[S4-GigabitEthernet0/0/2]speed 100
[S4]interface GigabitEthernet 0/0/3
[S4-GigabitEthernet0/0/3]undo negotiation auto
[S4-GigabitEthernet0/0/3]speed 100
```

实验 4 DHCP 基础配置

原理描述

动态主机配置协议 DHCP 是一个局域网的网络协议，使用 UDP 协议工作，主要有两个用途：用于内部网或网络服务供应商自动分配 IP 地址；用户内部网管理员作为对所有计算机的中央管理使用。DHCP 协议采用客户端/服务器（Client/Server）模型，主机地址的动态分配任务由网络主机驱动。

在支持 DHCP 功能的网络设备上将指定的端口作为 DHCP 客户端（DHCP Client），通过 DHCP 协议从 DHCP Server 动态获取 IP 地址等信息，来实现设备的集中管理，一般应用于网络设备的网络管理接口上。DHCP 服务器（DHCP Server）指的是由服务器控制一段 IP 地址范围，客户端登录服务器时就可以自动获得服务器分配的 IP 地址和子网掩码。

当 DHCP 服务器接收到来自网络主机申请地址的信息时，才会向网络主机发送相关的地址配置等信息，以实现网络主机地址信息的动态配置。DHCP 有 3 种机制分配 IP 地址。

（1）自动分配方式（Automatic Allocation）。DHCP 服务器为主机指定一个永久性的 IP 地址，一旦 DHCP 客户端第一次成功地从 DHCP 服务器端租用到 IP 地址后，就可以永久性地使用该地址。

（2）动态分配方式（Dynamic Allocation）。DHCP 服务器给主机指定一个具有时间限制的 IP 地址，时间到期或主机明确表示放弃该地址时，该地址可以被其他主机使用。

（3）手工分配方式（Manual Allocation）。客户端的 IP 地址是由网络管理员指定的，DHCP 服务器只是将指定的 IP 地址告诉客户端主机。

在 3 种地址分配方式中，只有动态分配可以重复使用客户端不再需要的地址。

实验目的

1．掌握 DHCP Server 的配置方法。

2．掌握基于接口地址池的 DHCP Client 的配置方法。

3．掌握查看客户端地址配置的方法。

实验内容

1．实验场景

在实验楼二层中，路由器 R1 为 DHCP Server，教务部门和人事部门的终端 PC 加入后，通过 DHCP 的方式自动获取 IP 地址。

2．实验要求

建立简单网络拓扑，对路由器配置 DHCP 服务器功能，并采用接口地址池的方式自动获取 IP 地址。

实验配置

1. 实验拓扑

AR2220 路由器 1 台，S3700 交换机 2 台，PC 2 台。DHCP 拓扑结构如图 4-1 所示。

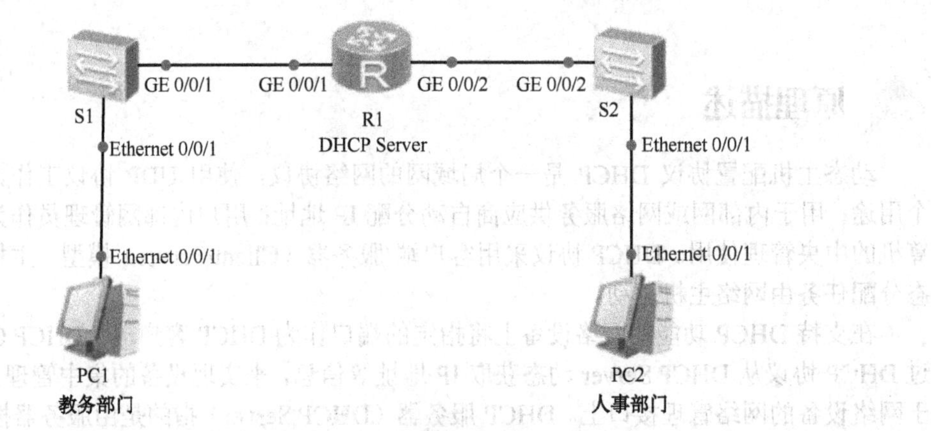

图 4-1　DHCP 拓扑结构

2. 设备编址

设备编址如表 4-1 所示。

表 4-1　设备编址

设　备	接　口	IP 地址	子网掩码	默认网关
PC1	Ethernet 0/0/1	DHCP 获取	DHCP 获取	DHCP 获取
PC2	Ethernet 0/0/1	DHCP 获取	DHCP 获取	DHCP 获取
R1	GE 0/0/1	192.168.1.1	255.255.255.0	N/A
（AR2220）	GE 0/0/2	192.168.2.1	255.255.255.0	N/A

实验步骤

1. 基本配置

第 1 步：启动所有设备。

第 2 步：使用 interface 命令进入路由器 R1 的接口视图，使用 ip address 命令，设置 GE 0/0/1 和 GE 0/0/2 的 IP 地址。

```
[R1]interface GigabitEthernet 0/0/1
[R1-GigabitEthernet0/0/1]ip address 192.168.1.1 24
[R1-GigabitEthernet0/0/1]interface GigabitEthernet 0/0/2
[R1-GigabitEthernet0/0/2]ip address 192.168.2.1 24
```

由于终端是通过 DHCP 自动获取地址的，因此这里不能直接设置地址，也不能直接测试链路的连通性。

2. 配置 DHCP Server 功能

第 1 步：使用 dhcp enable 命令，使路由器开启 DHCP 功能。

```
[R1]dhcp enable
```

第 2 步：进入接口后，使用 dhcp select interface 命令，分别开启 R1 路由器 GE 0/0/1 和 GE 0/0/2 两个接口的 DHCP 服务功能。

```
[R1]interface GigabitEthernet 0/0/1
[R1-GigabitEthernet0/0/1]dhcp select interface
[R1-GigabitEthernet0/0/1]interface GigabitEthernet 0/0/2
[R1-GigabitEthernet0/0/2]dhcp select interface
```

此时，接口地址池可以动态分配 IP 地址，其范围是 IP 地址所对应的网段，且只在此接口下有效。当服务器收到客户端的请求时，服务器会根据接口地址池的网段给客户端分配 IP 地址。

第 3 步：如果网络中有些地址是给固定用户使用的，那么我们也可以对这些地址段进行设置，使其不参与动态分配。在 GE 0/0/1 接口上，我们使用命令 dhcp server excluded-ip-address，设置 192.168.1.10 到 192.168.1.20 不参与动态分配。

```
[R1]interface GigabitEthernet 0/0/1
[R1-GigabitEthernet0/0/1]dhcp server excluded-ip-address 192.168.1.10
192.168.1.20
```

第 4 步：在 GE 0/0/1 接口上，使用 dhcp server dns-list 命令指定接口地址池下的 DNS 服务器，比如设置为 8.8.8.8。

```
[R1-GigabitEthernet0/0/1]dhcp server dns-list 8.8.8.8
```

3. 配置 DHCP Client

第 1 步：双击终端 PC1，打开“基础配置”选项卡，选中“IPv4 配置”选项区域中的“DHCP”单选按钮，单击“应用”按钮，如图 4-2 所示。

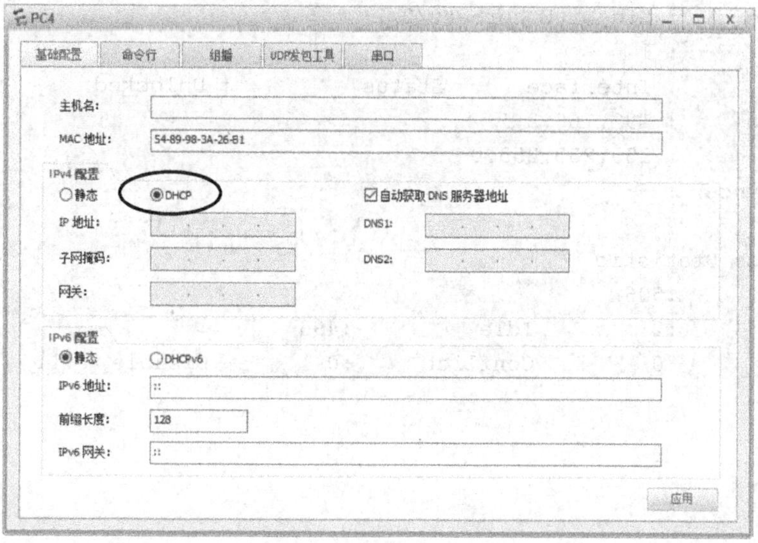

图 4-2 终端 DHCP 配置

第 2 步：选择“命令行”选项卡，输入 ipconfig 命令，可以查看接口的 IP 地址。可以看到，此时已经为该终端分配的地址为 192.168.1.254，网关地址为对应路由器的接口地址 192.168.1.1，DNS 服务器地址为 8.8.8.8。

```
PC>ipconfig

Link local IPv6 address...........: fe80::5689:98ff:fe3a:26b1
IPv6 address......................: :: / 128
IPv6 gateway......................: ::
IPv4 address......................: 0.0.0.0
Subnet mask.......................: 0.0.0.0
Gateway...........................: 192.168.1.1
Physical address..................: 54-89-98-3A-26-B1
DNS server........................: 8.8.8.8
```

同样，可以查看 PC2 的 IP 地址分配。

第 3 步：使用 display ip pool 命令查看 DHCP 地址池中的地址分配情况。从结果可以看到，目前有两个地址池，名称为 GE 0/0/1 和 GE 0/0/2 两个接口。网关分别为 192.168.1.1 和 192.168.2.1，掩码都为 24 位，即 255.255.255.0。总的 IP 地址数为 506 个，其中 2 个已用，11 个不可用，还剩下 493 个可用。

```
[R1]display ip pool
  -----------------------------------------------------------------------
  Pool-name      : GigabitEthernet0/0/1
  Pool-No        : 0
  Position       : Interface      Status           : Unlocked
  Gateway-0      : 192.168.1.1
  Mask           : 255.255.255.0
  VPN instance   : --

  -----------------------------------------------------------------------
  Pool-name      : GigabitEthernet0/0/2
  Pool-No        : 1
  Position       : Interface      Status           : Unlocked
  Gateway-0      : 192.168.2.1
  Mask           : 255.255.255.0
  VPN instance   : --

  IP address Statistic
    Total        :506
    Used         :2          Idle         :493
Expired          :0          Conflict     :0          Disable   :11
```

实验 5 VLAN 基础配置

原理描述

现代局域网通常配置为等级结构，一个工作组中的主机通过交换机与其他工作组进行区分，这样的配置存在以下问题。

（1）缺乏流量隔离。广播流量会被整个网络的主机接收，冗余度过高且无法控制信息的安全。

（2）交换机的无效使用。在分组、用户数比较少的情况下，单一交换机不能提供流量隔离，而多个交换机又会造成资源浪费。

（3）管理用户困难。如果用户处于移动状态，更改物理布线的便捷性不够。

VLAN（Virtual Local Area Network）的中文名为虚拟局域网，它是一组逻辑上的设备和用户，这些设备和用户不受物理位置的限制，可以根据功能、部门及应用等因素将它们组织起来，相互间的通信就好像在同一个网段中一样，因此得名。支持 VLAN 的交换机允许一个单一的物理局域网基础设施定义多个虚拟局域网，在一个 VLAN 中的主机看起来好像是通过与交换机的连接而相互通信的。在一个基于端口的 VLAN 中，交换机的端口由网络管理员划分为组，每个组构成一个 VLAN，在每个 VLAN 中的端口形成一个广播域，即来自一个端口的广播流量仅能到达该组中的其他端口。

端口的链路类型分为 Access、Trunk、Hybrid，其工作模式如下。

（1）Access 端口：交换机与主机直接相连的链路称为 Access 链路（Access Link），把 Access 链路上交换机一侧的端口称为 Access 端口，该类型端口只能属于 1 个 VLAN，并且只能让属于这个 VLAN 的帧通过。所以交换机连接主机一侧的端口通常配置此类型，当然连接其他交换机、路由器、防火墙等网络设备也可采用此类型。

（2）Trunk 端口：交换机直接相连的链路称为 Trunk 链路（Trunk Link），把 Trunk 链路上两侧的端口称为 Trunk 端口（Trunk Port）。该类型端口可以属于多个 VLAN，可以让属于不同 VLAN 的帧通过，连接交换机和需要创建子接口的路由器、防火墙的端口可以配置此类型，连接主机的端口不能配置成此类型。

（3）Hybrid 端口：该类型可以属于多个 VLAN，可以接收和发送多个 VLAN 的报文，连接交换机、路由器、防火墙、服务器都可以配置成此类型。

实验目的

1．理解 VLAN 的应用场景。

2．掌握 VLAN 的基本配置。
3．掌握 Access 接口的配置方法。
4．掌握 Trunk 接口的配置方法。

实验内容

1．实验场景

某学院内网为一个大的局域网，其校园内有多栋教学实验楼，二层交换机 S1 放置在 A 实验楼，该楼有 1 号、2 号机房；二层交换机 S2 放置在 B 实验楼，该楼有 3 号、4 号机房。根据教学要求，1 号机房和 3 号机房属于同一个教研室，相互之间允许通信，但它们与 2 号、4 号机房不能相互通信，机房内的主机可以互相访问。

2．实验要求

根据实例说明，建立一个网络拓扑，在交换机上划分不同的 VLAN，并将连接主机的交换机接口配置成 Access 接口，划分到相应的 VLAN 中，两个交换机之间配置 Trunk 接口，使得 1 号机房和 3 号机房可以互通。

实验配置

1．实验拓扑

S3700 交换机 2 台，PC 6 台，VLAN 基础配置及接口如图 5-1 所示。

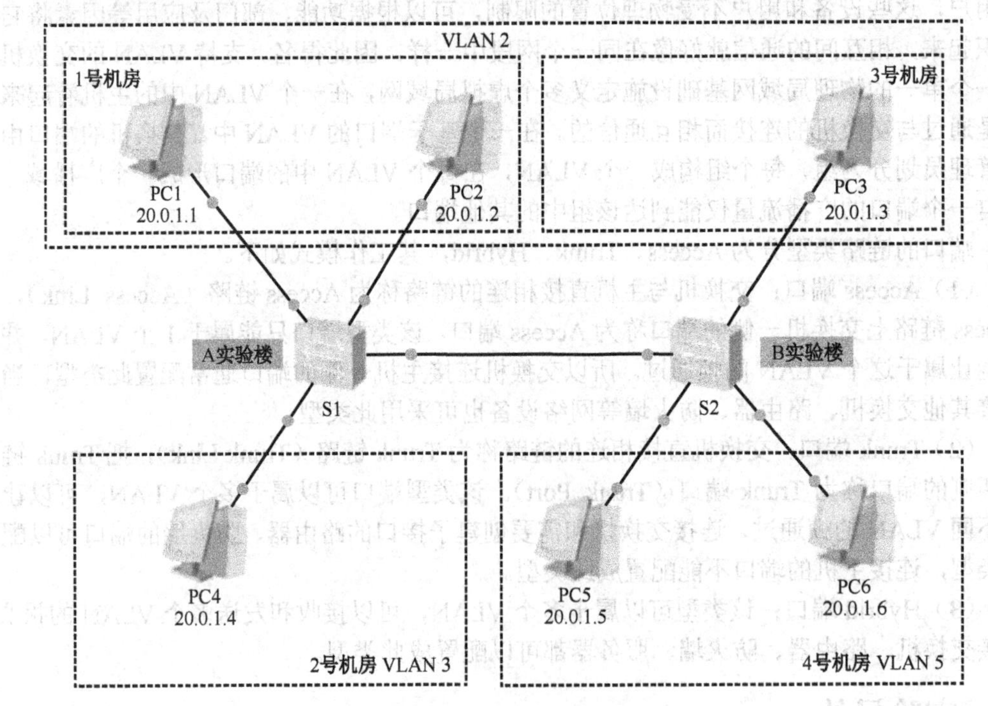

图 5-1 VLAN 基础配置及接口

2. 设备编址

设备编址如表 5-1 所示。

表 5-1 设备编址

设备	接口	IP 地址	子网掩码	默认网关
PC1	Ethernet 0/0/1	20.0.1.1	255.255.255.0	N/A
PC2	Ethernet 0/0/1	20.0.1.2	255.255.255.0	N/A
PC3	Ethernet 0/0/1	20.0.1.3	255.255.255.0	N/A
PC4	Ethernet 0/0/1	20.0.1.4	255.255.255.0	N/A
PC5	Ethernet 0/0/1	20.0.1.5	255.255.255.0	N/A
PC6	Ethernet 0/0/1	20.0.1.6	255.255.255.0	N/A

实验步骤

1. 配置 IP 地址

根据编址对主机进行基本 IP 地址配置，在这个步骤中，不创建任何 VLAN。

2. 检测链路连通性

第 1 步：开启所有设备。

第 2 步：使用 ping 命令检测各直连链路的连通性，所有的主机都可以相互通信。

3. 创建 VLAN

默认 VLAN 值为 1，其余编号的 VLAN 均要通过命令手动创建。创建方式有以下两种。

（1）一次创建一个 VLAN。在系统视图下，使用 vlan 命令创建单个 VLAN。例如，在 S1 上使用两条命令分别创建 VLAN 2 和 VLAN 3。

```
<S1>system-view
[S1]vlan 2
[S1-vlan2]vlan 3
```

（2）一次创建多个 VLAN。使用 vlan batch 命令一次可以创建多个 VLAN。例如，在 S2 上使用该命令创建 VLAN 2 和 VLAN 5。

```
<S2>system-view
[S2]vlan batch 2 5
```

配置完成后，可以在用户视图或者系统视图下，使用 display vlan 命令来查看相关信息，下面给出的分别是在用户视图下查看 S1 的 VLAN 信息和在系统视图下查看 S2 的 VLAN 信息。可以看到，现在交换机均已成功创建了 VLAN，但是还没有接口加入。在默认情况下，交换机上的所有接口都属于 VLAN 1。

```
<S1>display vlan
The total number of vlans is : 3
--------------------------------------------------------------------------------
U: Up;         D: Down;         TG: Tagged;         UT: Untagged;
MP: Vlan-mapping;               ST: Vlan-stacking;
#: ProtocolTransparent-vlan;    *: Management-vlan;
--------------------------------------------------------------------------------
```

```
VID  Type    Ports
--------------------------------------------------------------------------
1    common  UT:Eth0/0/1(U)     Eth0/0/2(U)      Eth0/0/3(U)      Eth0/0/4(D)
Eth0/0/5(D)     Eth0/0/6(D)     Eth0/0/7(D)      Eth0/0/8(D)
Eth0/0/9(D)     Eth0/0/10(D)    Eth0/0/11(D)     Eth0/0/12(D)
Eth0/0/13(D)    Eth0/0/14(D)    Eth0/0/15(D)     Eth0/0/16(D)
Eth0/0/17(D)    Eth0/0/18(D)    Eth0/0/19(D)     Eth0/0/20(D)
Eth0/0/21(D)    Eth0/0/22(D)    GE0/0/1(D)       GE0/0/2(D)
2    common
3    common


[S2]display vlan
The total number of vlans is : 3
--------------------------------------------------------------------------
U: Up;         D: Down;         TG: Tagged;         UT: Untagged;
MP: Vlan-mapping;               ST: Vlan-stacking;
#: ProtocolTransparent-vlan;    *: Management-vlan;
--------------------------------------------------------------------------
VID  Type    Ports
--------------------------------------------------------------------------
1    common  UT:Eth0/0/1(U)     Eth0/0/2(U)     Eth0/0/3(U)     Eth0/0/4(D)
                Eth0/0/5(D)     Eth0/0/6(D)     Eth0/0/7(D)     Eth0/0/8(D)
                Eth0/0/9(D)     Eth0/0/10(D)    Eth0/0/11(D)    Eth0/0/12(D)
                Eth0/0/13(D)    Eth0/0/14(D)    Eth0/0/15(D)    Eth0/0/16(D)
                Eth0/0/17(D)    Eth0/0/18(D)    Eth0/0/19(D)    Eth0/0/20(D)
                Eth0/0/21(D)    Eth0/0/22(D)    GE0/0/1(D)      GE0/0/2(D)
2    common
5    common
```

也可以使用 display vlan summary 命令查看交换机 VLAN 简要信息。以 S2 为例：

```
[S2]display vlan summary
static vlan:
Total 3 static vlan.
  1 to 2 5

dynamic vlan:
Total 0 dynamic vlan.

reserved vlan:
Total 0 reserved vlan.
```

4. 配置 Access 接口

第 1 步：根据实例的拓扑结构，使用 port link-type access 命令配置所有交换机上连接的主机接口类型为 Access。

第 2 步：使用 port default vlan 命令配置接口的默认 VLAN，并同时加入对应的 VLAN 中。在默认情况下，所有接口的默认 VLAN ID 均为 1。

```
[S1]interface ethernet 0/0/1
[S1-Ethernet0/0/1]port link-type access
[S1-Ethernet0/0/1]port default vlan 2
[S1-Ethernet0/0/1]interface ethernet 0/0/2
[S1-Ethernet0/0/2]port link-type access
[S1-Ethernet0/0/2]port default vlan 3
[S1-Ethernet0/0/2]interface ethernet 0/0/3
[S1-Ethernet0/0/3]port link-type access
[S1-Ethernet0/0/3]port default vlan 2

[S2]interface ethernet 0/0/1
[S2-Ethernet0/0/1]port link-type access
[S2-Ethernet0/0/1]port default vlan 4
[S2-Ethernet0/0/1]interface ethernet 0/0/2
[S2-Ethernet0/0/2]port link-type access
[S2-Ethernet0/0/2]port default vlan 5
```

第 3 步：可以使用 display port vlan 命令查看端口的配置情况。默认的接口模式为 Hybrid。

```
<S1>display port vlan
Port                    Link Type    PVID  Trunk VLAN List
--------------------------------------------------------------------------
Ethernet0/0/1             access       2     -
Ethernet0/0/2             access       3     -
Ethernet0/0/3             access       2     -
Ethernet0/0/4             hybrid       1     -
Ethernet0/0/5             hybrid       1     -
Ethernet0/0/6             hybrid       1     -
Ethernet0/0/7             hybrid       1     -
Ethernet0/0/8             hybrid       1     -
Ethernet0/0/9             hybrid       1     -
Ethernet0/0/10            hybrid       1     -
Ethernet0/0/11            hybrid       1     -
Ethernet0/0/12            hybrid       1     -
Ethernet0/0/13            hybrid       1     -
Ethernet0/0/14            hybrid       1     -
Ethernet0/0/15            hybrid       1     -
Ethernet0/0/16            hybrid       1     -
Ethernet0/0/17            hybrid       1     -
Ethernet0/0/18            hybrid       1     -
Ethernet0/0/19            hybrid       1     -
Ethernet0/0/20            hybrid       1     -
Ethernet0/0/21            hybrid       1     -
Ethernet0/0/22            hybrid       1     -
GigabitEthernet0/0/1      hybrid       1     -
GigabitEthernet0/0/2      hybrid       1     -
```

第 4 步：配置完成后，使用 display vlan 命令查看交换机上的 VLAN 信息。从显示信息来看，与主机相连的交换机接口都已经加入对应的 VLAN 中。其中，VLAN 2 中包含两个接口，分别是 Eth0/0/1 和 Eth0/0/3，即 PC1 和 PC5 对应的交换机接口加入了 VLAN 2 中。

```
<S1>display vlan
The total number of vlans is : 3
--------------------------------------------------------------------------------
U: Up;         D: Down;         TG: Tagged;         UT: Untagged;
MP: Vlan-mapping;               ST: Vlan-stacking;
#: ProtocolTransparent-vlan;    *: Management-vlan;
--------------------------------------------------------------------------------
VID  Type    Ports
--------------------------------------------------------------------------------
1    common  UT:Eth0/0/4(D)    Eth0/0/5(D)    Eth0/0/6(D)    Eth0/0/7(D)
                Eth0/0/8(D)    Eth0/0/9(D)    Eth0/0/10(D)   Eth0/0/11(D)
                Eth0/0/12(D)   Eth0/0/13(D)   Eth0/0/14(D)   Eth0/0/15(D)
                Eth0/0/16(D)   Eth0/0/17(D)   Eth0/0/18(D)   Eth0/0/19(D)
                Eth0/0/20(D)   Eth0/0/21(D)   Eth0/0/22(U)   GE0/0/1(D)
                GE0/0/2(D)
2    common  UT:Eth0/0/1(U)    Eth0/0/3(U)
3    common  UT:Eth0/0/2(U)

<S2>display vlan
The total number of vlans is : 3
--------------------------------------------------------------------------------
U: Up;         D: Down;         TG: Tagged;         UT: Untagged;
MP: Vlan-mapping;               ST: Vlan-stacking;
#: ProtocolTransparent-vlan;    *: Management-vlan;
--------------------------------------------------------------------------------
VID  Type    Ports
--------------------------------------------------------------------------------
1    common  UT:Eth0/0/4(D)    Eth0/0/5(D)    Eth0/0/6(D)    Eth0/0/7(D)
                Eth0/0/8(D)    Eth0/0/9(D)    Eth0/0/10(D)   Eth0/0/11(D)
                Eth0/0/12(D)   Eth0/0/13(D)   Eth0/0/14(D)   Eth0/0/15(D)
                Eth0/0/16(D)   Eth0/0/17(D)   Eth0/0/18(D)   Eth0/0/19(D)
                Eth0/0/20(D)   Eth0/0/21(D)   Eth0/0/22(U)   GE0/0/1(D)
                GE0/0/2(D)
4    common  UT:Eth0/0/1(U)
5    common  UT:Eth0/0/2(U)    Eth0/0/3(U)
```

5. 检验结果

前面的步骤已经将交换机上的不同接口加入不同的 VLAN 中。同一个 VLAN 中的接口属于同一个广播域，可以相互直接通信；不同 VLAN 中的接口属于不同的广播域，不能直接通信。

经过连通性测试，在 B 实验楼 4 号机房的主机 PC5 可以与同在 VLAN 5 的主机 PC6 通信，而不能与处于 VLAN 2 的 1 号机房主机 PC1 通信。

```
PC>ping 20.0.1.6

Ping 20.0.1.6: 32 data bytes, Press Ctrl_C to break
From 20.0.1.6: bytes=32 seq=1 ttl=128 time=63 ms
From 20.0.1.6: bytes=32 seq=2 ttl=128 time=62 ms
```

```
From 20.0.1.6: bytes=32 seq=3 ttl=128 time=47 ms
From 20.0.1.6: bytes=32 seq=4 ttl=128 time=62 ms
From 20.0.1.6: bytes=32 seq=5 ttl=128 time=47 ms

--- 20.0.1.6 ping statistics ---
  5 packet(s) transmitted
  5 packet(s) received
  0.00% packet loss
  round-trip min/avg/max = 47/56/63 ms


PC>ping 20.0.1.1

Ping 20.0.1.1: 32 data bytes, Press Ctrl_C to break
From 20.0.1.5: Destination host unreachable
From 20.0.1.5: Destination host unreachable
From 20.0.1.5: Destination host unreachable
From 20.0.1.5: Destination host unreachable
From 20.0.1.5: Destination host unreachable

--- 20.0.1.1 ping statistics ---
  5 packet(s) transmitted
  0 packet(s) received
  100.00% packet loss
```

6. 配置 Trunk 端口

测试 PC1 和 PC3 之间的连通性，发现无法连通。

```
PC>ping 20.0.1.3

Ping 20.0.1.3: 32 data bytes, Press Ctrl_C to break
From 20.0.1.1: Destination host unreachable
From 20.0.1.1: Destination host unreachable
From 20.0.1.1: Destination host unreachable
From 20.0.1.1: Destination host unreachable
From 20.0.1.1: Destination host unreachable
```

此时应该将两个交换机相互连接的端口设置成 Trunk 接口，并允许相应的 VLAN 通过，从而使得两个交换机之下的同一个 VLAN 的主机可以相互通信。

使用 port link-type trunk 和 port trunk allow-pass vlan 命令对两个交换机进行设置。

```
[S1]interface Eth0/0/22
[S1-Ethernet0/0/22]port link-type trunk
[S1-Ethernet0/0/22]port trunk allow-pass vlan 2

[S2]interface Eth0/0/22
[S2-Ethernet0/0/22]port link-type trunk
[S2-Ethernet0/0/22]port trunk allow-pass vlan 2
```

查看两个交换机的端口配置情况，发现 Ethernet0/0/22 端口已经变更为 Trunk 模式。

```
<S1>display port vlan
```

```
Port                    Link Type    PVID  Trunk VLAN List
-------------------------------------------------------------------------------
Ethernet0/0/1             access        2    -
Ethernet0/0/2             access        3    -
Ethernet0/0/3             access        2    -
Ethernet0/0/4             hybrid        1    -
Ethernet0/0/5             hybrid        1    -
Ethernet0/0/6             hybrid        1    -
Ethernet0/0/7             hybrid        1    -
Ethernet0/0/8             hybrid        1    -
Ethernet0/0/9             hybrid        1    -
Ethernet0/0/10            hybrid        1    -
Ethernet0/0/11            hybrid        1    -
Ethernet0/0/12            hybrid        1    -
Ethernet0/0/13            hybrid        1    -
Ethernet0/0/14            hybrid        1    -
Ethernet0/0/15            hybrid        1    -
Ethernet0/0/16            hybrid        1    -
Ethernet0/0/17            hybrid        1    -
Ethernet0/0/18            hybrid        1    -
Ethernet0/0/19            hybrid        1    -
Ethernet0/0/20            hybrid        1    -
Ethernet0/0/21            hybrid        1    -
Ethernet0/0/22            trunk         1    2
GigabitEthernet0/0/1      hybrid        1    -
GigabitEthernet0/0/2      hybrid        1    -
```

7. 检验连通性

```
PC>ping 20.0.1.3

Ping 20.0.1.3: 32 data bytes, Press Ctrl_C to break
From 20.0.1.3: bytes=32 seq=1 ttl=128 time=63 ms
From 20.0.1.3: bytes=32 seq=2 ttl=128 time=47 ms
From 20.0.1.3: bytes=32 seq=3 ttl=128 time=47 ms
From 20.0.1.3: bytes=32 seq=4 ttl=128 time=62 ms
From 20.0.1.3: bytes=32 seq=5 ttl=128 time=63 ms
```

此时不同交换机下的两台主机可以相互连通。

注意：使用 undo vlan 命令可以取消交换机已经设置过的 VLAN 编号。

```
[S2]undo vlan 4
```

如果端口的类型设置出现配置错误需要重新配置时，直接更改端口类型会提醒“Error: Please renew the default configurations”，此时需要使用 undo port trunk allow-pass vlan all 和 port trunk allow-pass vlan 1 命令进行恢复到默认的设置，方可重新进行配置。

```
[S1]interface Ethernet0/0/22
[S1-Ethernet0/0/22]port link-type access
Error: Please renew the default configurations.
[S1-Ethernet0/0/22]undo port trunk allow-pass vlan all
[S1-Ethernet0/0/22]port trunk allow-pass vlan 1
```

实验 6 单臂路由方式实现 VLAN 间路由

原理描述

VLAN 将一个物理的 LAN 在逻辑上划分为多个广播域。VLAN 内的主机间可以互相通信，但是 VLAN 之间却不能互通。

在现实生活中总是存在不同 VLAN 间需要相互访问的情况，通过为 VLAN 配置一个路由器的物理接口就可以满足这种需求，但是，当 VLAN 数量较多时，必然需要耗费更多的路由器接口。此时，可以将路由器的同一个物理接口设置多个不同逻辑接口，即子接口，这些子接口通过封装 802.1q 标识，以识别不同 VLAN 的 Tag 标识。这些子接口将作为不同 VLAN 的默认网关，当不同 VLAN 间进行通信时，通过将数据包发送给网关进行转交，就可以实现 VLAN 间的通信。这种方式下，交换机与路由器之间仅通过一条物理链路进行数据传输，因此称之为“单臂路由”(Router-on-a-Stick)。

实验目的

掌握路由器单臂路由配置方法。

实验内容

1. 实验场景

某学院内网配置了 1 台交换机，其下划分了 2 个 VLAN，将交换机接入路由器后，利用路由器接口实现单臂路由，使得 VLAN 间可以通信。

2. 实验要求

根据实例说明，建立网络拓扑，在交换机上划分不同的 VLAN，并利用连接交换机的路由器接口配置单臂路由，使不同 VLAN 间的主机可以实现通信。

实验配置

1. 实验拓扑

AR2220 路由器 1 台，S5700 交换机 1 台，PC 2 台，VLAN 间路由拓扑结构如图 6-1 所示。

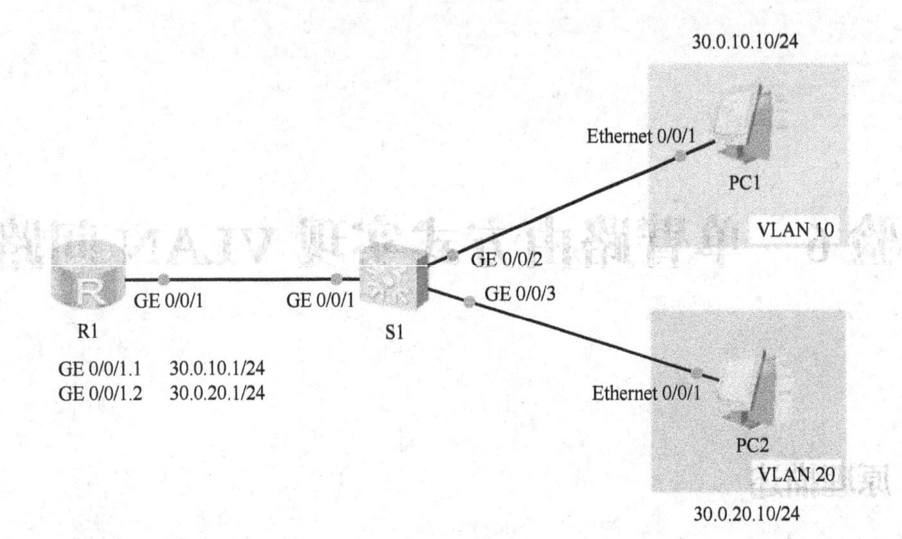

图 6-1　VLAN 间路由拓扑结构

2. 设备编址

设备编址如表 6-1 所示。

表 6-1　设备编址

设备名称	接　口	IP 地址	子网掩码	默认网关
R1（AR2220）	GE 0/0/1.1	30.0.10.1	255.255.255.0	—
	GE 0/0/1.2	30.0.20.1	255.255.255.0	—
PC2	Ethernet 0/0/1	30.0.10.10	255.255.255.0	30.0.10.1
PC3	Ethernet 0/0/1	30.0.20.10	255.255.255.0	30.0.20.1

实验步骤

1. 配置 IP 地址

启动所有设备。根据编址对主机进行基本 IP 地址配置。

2. 交换机配置

交换机上配置两个 VLAN，分别为 VLAN 10 和 VLAN 20；接口 GE 0/0/1 设置为 Trunk 类型，允许通过所有 VLAN；接口 GE 0/0/2 配置为 Access 类型，允许通过 VLAN 10；接口 GE 0/0/3 配置为 Access 类型，允许通过 VLAN 20。

```
[S1]vlan batch 10 20

[S1]interface GigabitEthernet 0/0/1
[S1-GigabitEthernet 0/0/1]port link-type trunk
[S1-GigabitEthernet 0/0/1]port trunk allow-pass vlan all

[S1-GigabitEthernet 0/0/1]int g0/0/2
[S1-GigabitEthernet 0/0/2]port link-type access
[S1-GigabitEthernet 0/0/2]port default vlan 10
```

```
[S1-GigabitEthernet 0/0/2]interface GigabitEthernet 0/0/3
[S1-GigabitEthernet 0/0/3]port link-type access
[S1-GigabitEthernet 0/0/3]port default vlan 20

<S1>save
```

3. 路由器配置

在 R1 与交换机相连的物理接口 GE 0/0/1 上配置两个逻辑子接口，并使用 dot1q termination vid <vlan number>命令为接口配置 802.1q 协议，关联到对应的 VLAN。使用命令 arp broadcast enable 开启 ARP 广播。

```
[R1-GigabitEthernet0/0/0]interface GigabitEthernet 0/0/1.1
[R1-GigabitEthernet0/0/1.1]ip address 30.0.10.1 24
[R1-GigabitEthernet0/0/1.1]dot1q termination vid 10
[R1-GigabitEthernet0/0/1.1]arp broadcast enable

[R1-GigabitEthernet0/0/1.1]interface GigabitEthernet 0/0/1.2
[R1-GigabitEthernet0/0/1.2]ip address 30.0.20.1 24
[R1-GigabitEthernet0/0/1.2]dot1q termination vid 20
[R1-GigabitEthernet0/0/1.2]arp broadcast enable
```

4. 测试连通性

PC1 连通 PC2，测试结果如下。此时完成了不同 VLAN 之间的连通。

```
PC>ping 30.0.20.10

Ping 30.0.20.10: 32 data bytes, Press Ctrl_C to break
From 30.0.20.10: bytes=32 seq=1 ttl=127 time=79 ms
From 30.0.20.10: bytes=32 seq=2 ttl=127 time=93 ms
From 30.0.20.10: bytes=32 seq=3 ttl=127 time=78 ms
From 30.0.20.10: bytes=32 seq=4 ttl=127 time=94 ms
From 30.0.20.10: bytes=32 seq=5 ttl=127 time=94 ms

--- 30.0.20.10 ping statistics ---
  5 packet(s) transmitted
  5 packet(s) received
  0.00% packet loss
  round-trip min/avg/max = 78/87/94 ms
```

实验 7　利用三层交换机实现 VLAN 间路由

原理描述

在“单臂路由”方式实现 VLAN 间路由时，存在带宽、转发效率等局限性，为应对该问题，还可以采用三层交换机来实现。三层交换机在原有二层交换机的基础上增加了路由功能。其中 VLANIF 接口基于网络层，可以配置 IP 地址，借助三层交换机的 VLANIF 接口就可以实现路由转发功能。

实验目的

1. 掌握配置 VLANIF 接口的方法。
2. 理解数据包跨 VLAN 路由的原理。
3. 掌握测试多层交换网络连通性的方法。

实验内容

1. 实验场景

某学院内网配置了 4 台交换机，其中 3 台交换机为接入层交换机，其上划分了 2 个 VLAN，分别为 VLAN 10 和 VLAN 20，在不同 VLAN 下连接了多个主机。1 台交换机作为核心层交换机，连接了接入层交换机和路由器。

2. 实验要求

根据实例说明，建立网络拓扑，在交换机上划分不同的 VLAN，并将连接主机的交换机接口配置成 Access 接口，划分到相应的 VLAN 中，通过不同 VLAN 数据的接口配置为 Trunk 接口。通过配置三层交换机实现主机间的相互访问。

实验配置

1. 实验拓扑

AR2220 路由器 1 台，S5700 交换机 4 台，PC 4 台，VLAN 间路由拓扑结构如图 7-1 所示。

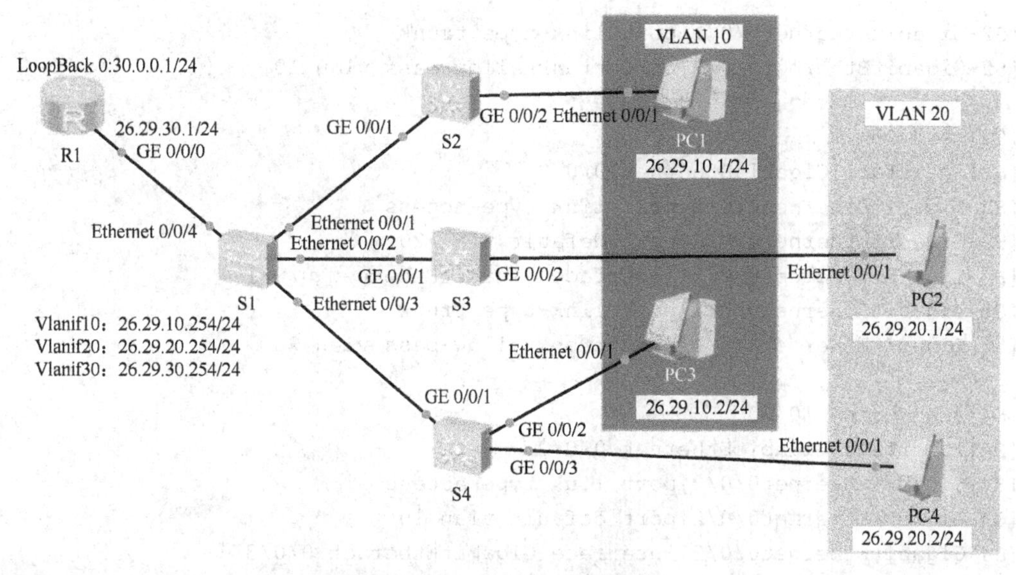

图 7-1 VLAN 间路由拓扑结构

2. 设备编址

设备编址如表 6-1 所示。

表 7-1 设备编址

设　备	接　口	IP 地址	子网掩码	默认网关
PC1	Ethernet 0/0/1	26.29.10.1	255.255.255.0	26.29.10.254
PC2	Ethernet 0/0/1	26.29.20.1	255.255.255.0	26.29.20.254
PC3	Ethernet 0/0/1	26.29.10.2	255.255.255.0	26.29.10.254
PC4	Ethernet 0/0/1	26.29.20.2	255.255.255.0	26.29.20.254
S1（S5700）	Vlanif 10	26.29.10.250	255.255.255.0	N/A
	Vlanif 20	26.29.20.250	255.255.255.0	N/A
	Vlanif 30	26.29.30.250	255.255.255.0	N/A
R1（AR2220）	GE 0/0/0	26.29.30.254	255.255.255.0	N/A
	LoopBack 0	30.0.0.1	255.255.255.0	N/A

实验步骤

1. 配置 IP 地址

启动所有设备，根据编址对主机、路由器接口进行基本 IP 地址配置。

2. 交换机初始配置

对 3 台接入层交换机 S2、S3、S4 进行配置。

```
[S2]vlan 10
[S2]interface GigabitEthernet 0/0/2
[S2-GigabitEthernet0/0/2]port link-type access
[S2-GigabitEthernet0/0/2]port default vlan 10
[S2-GigabitEthernet0/0/2]interface GigabitEthernet 0/0/1
```

```
[S2-GigabitEthernet0/0/1]port link-type trunk
[S2-GigabitEthernet0/0/1]port trunk allow-pass vlan 10

[S3]vlan 20
[S3]interface GigabitEthernet 0/0/2
[S3-GigabitEthernet0/0/2]port link-type access
[S3-GigabitEthernet0/0/2]port default vlan 20
[S3-GigabitEthernet0/0/2]interface GigabitEthernet 0/0/1
[S3-GigabitEthernet0/0/1]port link-type trunk
[S3-GigabitEthernet0/0/1]port trunk allow-pass vlan 20

[S4]vlan batch 10 20
[S4]interface GigabitEthernet 0/0/2
[S4-GigabitEthernet0/0/2]port link-type access
[S4-GigabitEthernet0/0/2]port default vlan 10
[S4-GigabitEthernet0/0/2]interface GigabitEthernet 0/0/3
[S4-GigabitEthernet0/0/3]port link-type access
[S4-GigabitEthernet0/0/3]port default vlan 20
[S4-GigabitEthernet0/0/3] interface GigabitEthernet 0/0/1
[S4-GigabitEthernet0/0/1]port link-type trunk
[S4-GigabitEthernet0/0/1]port trunk allow-pass vlan 10 20
```

对核心层交换机接口进行配置。在这里，配置 3 个 VLAN，分别是 VLAN 10、VLAN 20 和 VLAN 30。其中，VLAN 30 为 S1 的 GE 0/0/4 接口所在的 VLAN。

```
[S1]vlan batch 10 20 30
[S1]interface GigabitEthernet 0/0/1
[S1-GigabitEthernet0/0/1]port link-type trunk
[S1-GigabitEthernet0/0/1]port trunk allow-pass vlan 10

[S1-GigabitEthernet0/0/1]int g0/0/2
[S1-GigabitEthernet0/0/2]port link-type trunk
[S1-GigabitEthernet0/0/2]port trunk allow-pass vlan 20

[S1]interface GigabitEthernet 0/0/3
[S1-GigabitEthernet0/0/3]port link-type trunk
[S1-GigabitEthernet0/0/3]port trunk allow-pass vlan 10 20
```

查看 VLAN 的配置情况，以 S4 为例。

```
<S4>display vlan
The total number of vlans is : 3
--------------------------------------------------------------------------------
U: Up;         D: Down;         TG: Tagged;         UT: Untagged;
MP: Vlan-mapping;               ST: Vlan-stacking;
#: ProtocolTransparent-vlan;    *: Management-vlan;
--------------------------------------------------------------------------------

VID  Type    Ports
--------------------------------------------------------------------------------
1    common  UT:GE0/0/1(U)      GE0/0/4(D)      GE0/0/5(D)      GE0/0/6(D)
                GE0/0/7(D)      GE0/0/8(D)      GE0/0/9(D)      GE0/0/10(D)
```

```
          GE0/0/11(D)    GE0/0/12(D)    GE0/0/13(D)    GE0/0/14(D)
          GE0/0/15(D)    GE0/0/16(D)    GE0/0/17(D)    GE0/0/18(D)
          GE0/0/19(D)    GE0/0/20(D)    GE0/0/21(D)    GE0/0/22(D)
          GE0/0/23(D)    GE0/0/24(D)

10   common  UT:GE0/0/2(U)

        TG:GE0/0/1(U)

20   common  UT:GE0/0/3(U)

        TG:GE0/0/1(U)


VID  Status  Property     MAC-LRN Statistics Description
--------------------------------------------------------------------------

1    enable  default        enable  disable   VLAN 0001
10   enable  default        enable  disable   VLAN 0010
20   enable  default        enable  disable   VLAN 0020
```

3. 测试连通性

以 PC1 为例。

```
PC>ping 26.29.10.2

Ping 26.29.10.2: 32 data bytes, Press Ctrl_C to break
From 26.29.10.2: bytes=32 seq=1 ttl=128 time=94 ms
From 26.29.10.2: bytes=32 seq=2 ttl=128 time=63 ms
From 26.29.10.2: bytes=32 seq=3 ttl=128 time=63 ms
From 26.29.10.2: bytes=32 seq=4 ttl=128 time=93 ms
From 26.29.10.2: bytes=32 seq=5 ttl=128 time=94 ms

--- 26.29.10.2 ping statistics ---
  5 packet(s) transmitted
  5 packet(s) received
  0.00% packet loss
  round-trip min/avg/max = 63/81/94 ms


PC>ping 26.29.20.1

Ping 26.29.20.1: 32 data bytes, Press Ctrl_C to break
From 26.29.10.1: Destination host unreachable
From 26.29.10.1: Destination host unreachable
From 26.29.10.1: Destination host unreachable
From 26.29.10.1: Destination host unreachable
From 26.29.10.1: Destination host unreachable

--- 26.29.10.254 ping statistics ---
```

```
  5 packet(s) transmitted
  0 packet(s) received
  100.00% packet loss
```

通过测试可以看到，PC1 和 PC3 之间、PC2 和 PC4 之间可以连通，而 PC1 和 PC2 不能连通。此时 VLAN 设置完毕。

4. 配置 S1 的三层接口

进入 S1 的 GE 0/0/4 接口，配置 VLANIF 接口。对于 VLAN 来说，VLAN 端口是物理端口；VLANIF，即 interface vlan，是逻辑端口，通常这个接口地址作为 VLAN 下面用户的网关地址。

在这里分别配置 3 个 VLANIF 接口，分别作为 VLAN 10、VLAN 20、VLAN 30 的虚拟接口地址。

```
[S1]interface Vlanif 10
[S1-Vlanif10]ip address 26.29.10.254 24

[S1]interface Vlanif 20
[S1-Vlanif20]ip address 26.29.20.254 24

[S1]interface Vlanif 30
[S1-Vlanif30]ip address 26.29.30.254 24
```

5. 配置核心交换机到路由器的默认路由

所有从 S1 向外发送的数据均指定通过 R1 的 GE 0/0/0 接口。

```
[S1]ip route-static 0.0.0.0 0.0.0.0 26.29.30.1
```

6. 配置 R1 静态路由

在 R1 上配置到 VLAN 10 和 VLAN 20 两个网段的静态路由。

```
[R1]ip route-static 26.29.10.0 255.255.255.0 26.29.30.254
[R1]ip route-static 26.29.20.0 255.255.255.0 26.29.30.254
```

7. 测试连通性

同样以 PC1 为例，此时 PC1 和 PC2 已经可以连通，也就是完成了 VLAN 之间的连通。

```
PC>ping 26.29.20.1

Ping 26.29.20.1: 32 data bytes, Press Ctrl_C to break
From 26.29.20.1: bytes=32 seq=1 ttl=127 time=157 ms
From 26.29.20.1: bytes=32 seq=2 ttl=127 time=109 ms
From 26.29.20.1: bytes=32 seq=3 ttl=127 time=78 ms
From 26.29.20.1: bytes=32 seq=4 ttl=127 time=93 ms
From 26.29.20.1: bytes=32 seq=5 ttl=127 time=110 ms

--- 26.29.20.1 ping statistics ---
  5 packet(s) transmitted
  5 packet(s) received
  0.00% packet loss
  round-trip min/avg/max = 78/109/157 ms
```

实验 8　NAT 配置

 原理描述

2019 年 11 月 26 日，全球 43 亿个 IPv4 地址正式耗尽，这意味着没有更多的 IPv4 地址可以分配给 ISP 和其他大型网络基础设施提供商。IPv6 技术虽然可以从根本上解决地址短缺的问题，但是无法即刻替代成熟的 IPv4 网络。人们很早就发现了 IPv4 设计的不足，为解决地址不足问题，1994 年提出了 NAT（Network Address Translation，网络地址转换）技术，它不仅能解决 IP 地址不足的问题，还能够有效地避免来自网络外部的攻击，隐藏并保护网络内部的计算机。

NAT 通常部署在一个组织的网络出口位置，通过将内部网络的私有 IP 地址替换为出口的公共 IP 地址，来提供公网可达性和上层协议的连接能力。图 8-1 所示为 NAT 示意图。

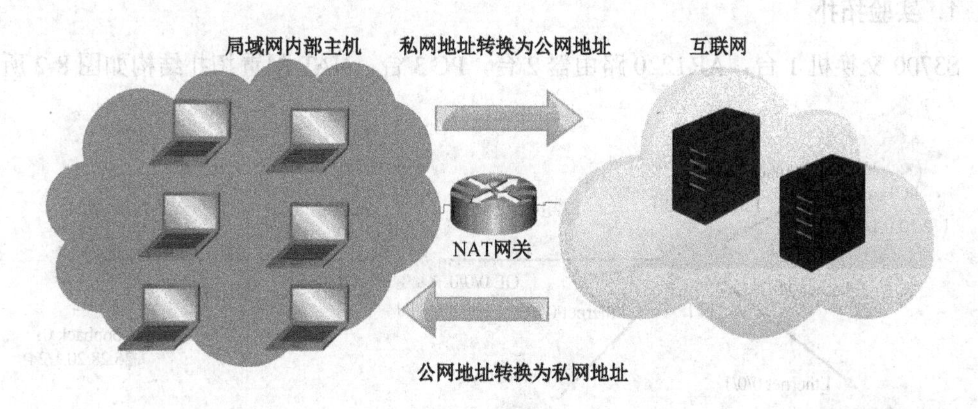

图 8-1　NAT 示意图

NAT 的实现方式有 3 种：静态 NAT、动态 NAT 以及网络地址端口转换 NAPT。

（1）静态 NAT。实现了私有地址和公有地址的一对一转换，一个公网地址对应一个私网地址。

（2）动态 NAT。基于地址池来实现私有 IP 地址和公有 IP 地址的转换，转换是随机的，私有 IP 地址与公有 IP 地址是多对一的。

（3）网络地址端口转换 NAPT。NAT 实现的是私有 IP 地址和 NAT 公共 IP 地址之间的转换，因此内网中能够同时与公共网进行通信的主机数量就受到 NAT 的公共 IP 地址数量的限制。为了克服这种限制，NAT 被进一步扩展到使用 IP 地址和端口（Port）共同参与 IP

地址转换，这就是 NAPT（Network Address Port Translation）技术。

实验目的

1. 理解 NAT 的应用场景。
2. 掌握静态 NAT 的配置。
3. 掌握动态 NAT 的配置。
4. 掌握 NAT Easy-IP 的配置。

实验内容

1. 实验场景

某学院建立了内部的局域网，使用私网 IP 地址。R1 为学院的出口网关路由器，学院某教研室通过交换机连接在 R1 上，R2 模拟为外网设备与 R1 相连。为了实现该教研室能够访问外网，同时服务器可以供外网用户访问，网络管理员需在路由器 R1 上配置 NAT。

2. 实验要求

根据实例说明，建立一个网络拓扑，分别使用静态 NAT、动态 NAT 和网络地址端口转换 NAPT 的配置，使部分教职员工可以访问外网。

实验配置

1. 实验拓扑

S3700 交换机 1 台，AR1220 路由器 2 台，PC 3 台，NAT 配置拓扑结构如图 8-2 所示。

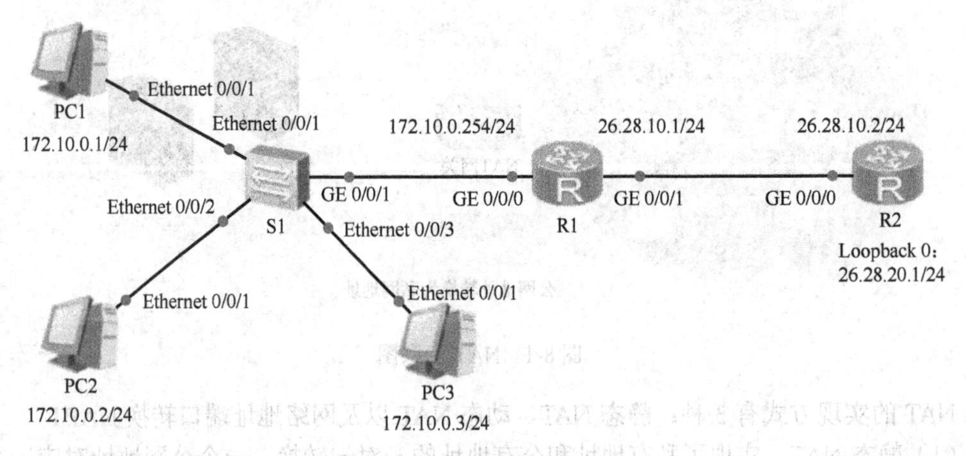

图 8-2 NAT 配置拓扑结构

2. 设备编址

设备编址如表 8-1 所示。

表 8-1　设备编址

设　备	接　口	IP 地址	子网掩码	默认网关
R1（AR1220）	GE 0/0/0	172.10.0.254	255.255.255.0	N/A
	GE 0/0/1	26.28.10.1	255.255.255.0	N/A
R2（AR1220）	GE 0/0/0	26.28.10.2	255.255.255.0	N/A
	loopback 0	26.28.20.1	255.255.255.0	N/A
PC1	Ethernet 0/0/1	172.10.0.1	255.255.255.0	172.10.0.254
PC2	Ethernet 0/0/1	172.10.0.2	255.255.255.0	172.10.0.254
PC3	Ethernet 0/0/1	172.10.0.3	255.255.255.0	172.10.0.254

实验步骤

1. 基本配置

根据编址对主机 PC1 和 PC2 进行基本 IP 地址配置，同时更改 R1、R2 名称并配置相应接口地址。其中，R2 作为模拟外网，在这里要设置一个环回路由接口 LoopBack 0，它是应用较为广泛的一种虚接口，在路由器上配置 LoopBack 0 地址，起到本地回环接口作用。

所有配置完成后注意及时使用 save 命令保存。

```
[Huawei]sysname R1
[R1]interface GigabitEthernet 0/0/0
[R1-GigabitEthernet0/0/0]ip address 172.10.0.254 24
[R1]interface GigabitEthernet 0/0/1
[R1-GigabitEthernet0/0/1]ip address 26.28.10.1 24
<R1>save

[Huawei]sysname R2
[R2]interface GigabitEthernet 0/0/0
[R2-GigabitEthernet0/0/0]ip address 26.28.10.2 24
[R2]interface LoopBack 0
[R2-LoopBack0]ip address 26.28.20.1 24
<R2>save
```

配置完成后，对直连链路进行连通性测试。以 R1 和 PC2 的连通为例。

```
<R1>ping -c 1 172.10.0.2
  PING 172.10.0.2: 56  data bytes, press CTRL_C to break
    Reply from 172.10.0.2: bytes=56 Sequence=1 ttl=128 time=100 ms

  --- 172.10.0.2 ping statistics ---
    1 packet(s) transmitted
    1 packet(s) received
    0.00% packet loss
    round-trip min/avg/max = 100/100/100 ms
```

2. 静态 NAT 配置

在网关路由器 R1 上配置学院访问外网的默认路由，地址要指向 R2 与 R1 相连的接口。

```
[R1]ip route-static 0.0.0.0 0.0.0.0 26.28.10.2
```

学院内部使用的都是私有 IP 地址，相互之间可以连通，但是无法直接访问外网。此时需要在网关路由器 R1 上进行配置，使用 NAT 地址转换，从而将私网地址转换为公网地址。

PC1 是该学院网络管理员，由于其工作特殊性，需要外网也可以访问到它，因此需要为其分配一个公网地址 26.28.10.3 给 PC1 用作静态 NAT 地址转换。进入 R1 对外的接口，本例中是 GE 0/0/1，对其使用 nat static 命令来进行配置静态 NAT 地址转换：

```
[R1]interface GigabitEthernet 0/0/1
[R1-GigabitEthernet0/0/1]nat static global 26.28.10.3 inside 172.10.0.1
```

其中，global 表示公网未被分配的 IP 地址，inside 表示内网需要进行地址转换的私有 IP 地址，save 后配置生效。

配置完成后，在 R1 上查看 NAT 静态配置信息：

```
<R1>display nat static
  Static Nat Information:
  Interface  : GigabitEthernet0/0/1
    Global IP/Port     : 26.28.10.3/----
    Inside IP/Port     : 172.10.0.1/----
    Protocol : ----
    VPN instance-name  : ----
    Acl number         : ----
    Netmask  : 255.255.255.255
    Description : ----

  Total :    1
```

使用 ping 命令测试与外网（这里为环回路由接口地址 LoopBack 0）的连通性。

```
<PC1>ping 26.28.20.1
  PING 26.28.20.1: 56  data bytes, press CTRL_C to break
    Reply from 26.28.20.1: bytes=56 Sequence=1 ttl=255 time=130 ms
    Reply from 26.28.20.1: bytes=56 Sequence=2 ttl=255 time=20 ms
    Reply from 26.28.20.1: bytes=56 Sequence=3 ttl=255 time=40 ms
    Reply from 26.28.20.1: bytes=56 Sequence=4 ttl=255 time=30 ms
    Reply from 26.28.20.1: bytes=56 Sequence=5 ttl=255 time=30 ms

  --- 26.28.20.1 ping statistics ---
    5 packet(s) transmitted
    5 packet(s) received
    0.00% packet loss
    round-trip min/avg/max = 20/50/130 ms
```

此时可以看到，PC1 通过静态 NAT 地址转换，可以成功访问外网。我们可以通过抓包来进行查看，首先在 PC1 上持续发包，然后在路由器 R1 的对外接口处进行抓包，如图 8-3 所示。

```
PC>ping 26.28.10.2 -t
```

从图中可以看到，R1 已经成功地将 PC1 的 ICMP 报文源地址转换为公网地址 26.28.10.3。

同样，再测试一下外网是否可以访问 PC1，这里将 R2 的环回路由口 LoopBack 0 模拟为外网用户来访问 PC1 对外的接口地址 26.28.10.3。在 PC1 的 Ethernet 0/0/1 接口上进行抓包分析，如图 8-4 所示，同时，在 R2 上执行以下命令。

```
<R2>ping -a 26.28.20.1 26.28.10.3
  PING 26.28.10.3: 56  data bytes, press CTRL_C to break
    Reply from 26.28.10.3: bytes=56 Sequence=1 ttl=127 time=70 ms
    Reply from 26.28.10.3: bytes=56 Sequence=2 ttl=127 time=40 ms
    Reply from 26.28.10.3: bytes=56 Sequence=3 ttl=127 time=50 ms
    Reply from 26.28.10.3: bytes=56 Sequence=4 ttl=127 time=70 ms
    Reply from 26.28.10.3: bytes=56 Sequence=5 ttl=127 time=50 ms

  --- 26.28.10.3 ping statistics ---
    5 packet(s) transmitted
    5 packet(s) received
    0.00% packet loss
    round-trip min/avg/max = 40/56/70 ms
```

No.	Time	Source	Destination	Protocol	Info
184	94.813000	26.28.10.2	26.28.10.3	ICMP	Echo (ping) reply (id=0xeb17, seq(be/le)=92/23552, ttl=255)
185	95.860000	26.28.10.3	26.28.10.2	ICMP	Echo (ping) request (id=0xec17, seq(be/le)=93/23808, ttl=127)
186	95.860000	26.28.10.2	26.28.10.3	ICMP	Echo (ping) reply (id=0xec17, seq(be/le)=93/23808, ttl=255)
187	96.891000	26.28.10.3	26.28.10.2	ICMP	Echo (ping) request (id=0xed17, seq(be/le)=94/24064, ttl=127)
188	96.891000	26.28.10.2	26.28.10.3	ICMP	Echo (ping) reply (id=0xed17, seq(be/le)=94/24064, ttl=255)
189	97.922000	26.28.10.3	26.28.10.2	ICMP	Echo (ping) request (id=0xee17, seq(be/le)=95/24320, ttl=127)
190	97.938000	26.28.10.2	26.28.10.3	ICMP	Echo (ping) reply (id=0xee17, seq(be/le)=95/24320, ttl=255)
191	98.969000	26.28.10.3	26.28.10.2	ICMP	Echo (ping) request (id=0xef17, seq(be/le)=96/24576, ttl=127)
192	98.969000	26.28.10.2	26.28.10.3	ICMP	Echo (ping) reply (id=0xef17, seq(be/le)=96/24576, ttl=255)
193	100.000000	26.28.10.3	26.28.10.2	ICMP	Echo (ping) request (id=0xf017, seq(be/le)=97/24832, ttl=127)
194	100.016000	26.28.10.2	26.28.10.3	ICMP	Echo (ping) reply (id=0xf017, seq(be/le)=97/24832, ttl=255)
195	101.032000	26.28.10.3	26.28.10.2	ICMP	Echo (ping) request (id=0xf117, seq(be/le)=98/25088, ttl=127)
196	101.047000	26.28.10.2	26.28.10.3	ICMP	Echo (ping) reply (id=0xf117, seq(be/le)=98/25088, ttl=255)
197	102.078000	26.28.10.3	26.28.10.2	ICMP	Echo (ping) request (id=0xf217, seq(be/le)=99/25344, ttl=127)
198	102.078000	26.28.10.2	26.28.10.3	ICMP	Echo (ping) reply (id=0xf217, seq(be/le)=99/25344, ttl=255)

```
⊞ Differentiated Services Field: 0x00 (DSCP 0x00: Default; ECN: 0x00)
  Total Length: 60
  Identification: 0x178c (6028)
⊞ Flags: 0x02 (Don't Fragment)
  Fragment offset: 0
  Time to live: 127
  Protocol: ICMP (1)
⊞ Header checksum: 0x9bf8 [correct]
  Source: 26.28.10.3 (26.28.10.3)
  Destination: 26.28.10.2 (26.28.10.2)
⊞ Internet Control Message Protocol
```

图 8-3　路由器 R1 的抓包结果

No.	Time	Source	Destination	Protocol	Info
1	0.000000	HuaweiTe_6f:5b:5b	Spanning-tree-(for-bridges)_00	STP	MST. Root = 32768/0/4c:1f:cc:6f:5b:5b Cost = 0 Port = 0x8001
2	2.234000	HuaweiTe_6f:5b:5b	Spanning-tree-(for-bridges)_00	STP	MST. Root = 32768/0/4c:1f:cc:6f:5b:5b Cost = 0 Port = 0x8001
3	4.390000	HuaweiTe_6f:5b:5b	Spanning-tree-(for-bridges)_00	STP	MST. Root = 32768/0/4c:1f:cc:6f:5b:5b Cost = 0 Port = 0x8001
4	6.015000	26.28.20.1	172.10.0.1	ICMP	Echo (ping) request (id=0xd1ab, seq(be/le)=256/1, ttl=254)
5	6.015000	172.10.0.1	26.28.20.1	ICMP	Echo (ping) reply (id=0xd1ab, seq(be/le)=256/1, ttl=128)
6	6.484000	26.28.20.1	172.10.0.1	ICMP	Echo (ping) request (id=0xd1ab, seq(be/le)=512/2, ttl=254)
7	6.484000	172.10.0.1	26.28.20.1	ICMP	Echo (ping) reply (id=0xd1ab, seq(be/le)=512/2, ttl=128)
8	6.562000	HuaweiTe_6f:5b:5b	Spanning-tree-(for-bridges)_00	STP	MST. Root = 32768/0/4c:1f:cc:6f:5b:5b Cost = 0 Port = 0x8001
9	6.984000	26.28.20.1	172.10.0.1	ICMP	Echo (ping) request (id=0xd1ab, seq(be/le)=768/3, ttl=254)
10	7.000000	172.10.0.1	26.28.20.1	ICMP	Echo (ping) reply (id=0xd1ab, seq(be/le)=768/3, ttl=128)
11	7.500000	26.28.20.1	172.10.0.1	ICMP	Echo (ping) request (id=0xd1ab, seq(be/le)=1024/4, ttl=254)
12	7.500000	172.10.0.1	26.28.20.1	ICMP	Echo (ping) reply (id=0xd1ab, seq(be/le)=1024/4, ttl=128)
13	7.984000	26.28.20.1	172.10.0.1	ICMP	Echo (ping) request (id=0xd1ab, seq(be/le)=1280/5, ttl=254)
14	8.000000	172.10.0.1	26.28.20.1	ICMP	Echo (ping) reply (id=0xd1ab, seq(be/le)=1280/5, ttl=128)
15	8.781000	HuaweiTe_6f:5b:5b	Spanning-tree-(for-bridges)_00	STP	MST. Root = 32768/0/4c:1f:cc:6f:5b:5b Cost = 0 Port = 0x8001

```
⊞ Differentiated Services Field: 0x00 (DSCP 0x00: Default; ECN: 0x00)
  Total Length: 84
  Identification: 0x00e6 (230)
⊞ Flags: 0x00
  Fragment offset: 0
  Time to live: 128
  Protocol: ICMP (1)
⊞ Header checksum: 0x5f9b [correct]
  Source: 172.10.0.1 (172.10.0.1)
  Destination: 26.28.20.1 (26.28.20.1)
⊞ Internet Control Message Protocol
```

图 8-4　PC1 的抓包结果

可以看到，外网用户也可以主动访问内网用户，且数据在经过 R1 进入内网时，R1 将目的 IP 地址转换为与公网地址 26.28.10.3 对应的内网地址 172.10.0.1，并将数据转交。

3. NAT Outbound 配置

学院的教职员工都有访问外网进行办公的需求，现进行动态 NAT 的配置。

某教研室使用的私网地址为 172.10.0.0/24 网段，管理员使用公网地址池 26.28.10.10-26.28.10.20 为该教研室教职员工进行 NAT 转换。

首先在 R1 上使用 nat address-group 命令配置 NAT 公网地址池，起始地址和结束地址分别为 26.28.10.10、26.28.10.20。

```
[R1]nat address-group 1 26.28.10.10 26.28.10.20
```

访问控制列表（Access Control List，ACL）是路由器和交换机接口的指令列表，用来控制端口进出的数据包。当 ACL 应用在设备接口入方向时，若接口收到数据包，则先根据应用在接口上的 ACL 条件进行匹配，如果允许就根据路由表进行转发，如果拒绝直接丢弃。ACL 应用在设备接口出方向时，报文先经过路由表路由后转至出接口，根据接口上应用的出方向 ACL 条件进行匹配，是允许 permit 还是拒绝 deny，如果是允许，就根据路由表转发数据，如果是拒绝，就直接将数据包丢弃了。命名 ACL 用字母数字字符串（名称）标识 IP 标准 ACL 和扩展 ACL，其中，标准编号 IPv4 列表（1～99，1300～1999）只可以根据源地址设置 IP 报文过滤条件；扩展编号 IPv4 列表（100～199，2000～2699）可以根据源目地址、TCP/IP 协议号和 TCP/UDP 源目的端口条件设置 IP 报文过滤条件。

rule-id：指定 IPv4 高级 ACL 规则的编号，取值范围为 0～65534。若未指定本参数，则系统将按照步长从 0 开始，自动分配一个大于现有最大编号的最小编号。譬如现有规则的最大编号为 28，步长为 5，那么自动分配的新编号将是 30。

在这里创建基本的 ACL 2000，匹配 172.10.0.0/24 地址段。

```
[R1]acl 2000
[R1-acl-basic-2000]rule 5 permit source 172.10.0.0 0.0.0.255
```

在这里，ACL 的子网掩码用反向子网掩码。

在 R1 对外网接口 GE 0/0/1 上使用 nat outbound 命令，将 ACL 2000 与地址池相关联，使得 ACL 中规定的地址可以使用地址池进行地址转换。

```
[R1]interface GigabitEthernet 0/0/1
[R1-GigabitEthernet0/0/1]nat outbound 2000 address-group 1 no-pat
```

outbound 表示在接口出方向上使用动态 NAT，no-pat 表示不做 PAT 端口复用。

配置完成后，使用命令 display nat outbound 在 R1 上查看 NAT Outbound 信息。

```
[R1]display nat outbound
 NAT Outbound Information:
 --------------------------------------------------------------------------
 Interface                    Acl     Address-group/IP/Interface      Type
 --------------------------------------------------------------------------
 GigabitEthernet0/0/1          2000                           1    no-pat
 --------------------------------------------------------------------------
  Total : 1
```

使用 PC2 测试与外网的连通性，并在 R1 的 GE 0/0/1 接口上进行抓包，查看地址转换情况，如图 8-5 所示。

```
PC>ping 26.28.20.1

Ping 26.28.20.1: 32 data bytes, Press Ctrl_C to break
```

```
From 26.28.20.1: bytes=32 seq=1 ttl=254 time=32 ms
From 26.28.20.1: bytes=32 seq=2 ttl=254 time=46 ms
From 26.28.20.1: bytes=32 seq=3 ttl=254 time=47 ms
From 26.28.20.1: bytes=32 seq=4 ttl=254 time=32 ms
From 26.28.20.1: bytes=32 seq=5 ttl=254 time=46 ms

--- 26.28.20.1 ping statistics ---
  5 packet(s) transmitted
  5 packet(s) received
  0.00% packet loss
  round-trip min/avg/max = 32/40/47 ms
```

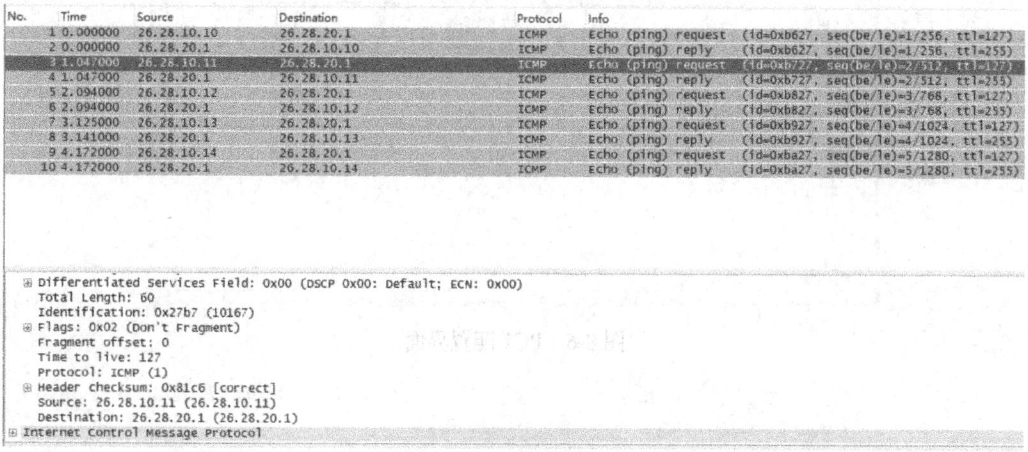

No.	Time	Source	Destination	Protocol	Info
1	0.000000	26.28.10.10	26.28.20.1	ICMP	Echo (ping) request (id=0xb627, seq(be/le)=1/256, ttl=127)
2	0.000000	26.28.20.1	26.28.10.10	ICMP	Echo (ping) reply (id=0xb627, seq(be/le)=1/256, ttl=255)
3	1.047000	26.28.10.11	26.28.20.1	ICMP	Echo (ping) request (id=0xb727, seq(be/le)=2/512, ttl=127)
4	1.047000	26.28.20.1	26.28.10.11	ICMP	Echo (ping) reply (id=0xb727, seq(be/le)=2/512, ttl=255)
5	2.094000	26.28.10.12	26.28.20.1	ICMP	Echo (ping) request (id=0xb827, seq(be/le)=3/768, ttl=127)
6	2.094000	26.28.20.1	26.28.10.12	ICMP	Echo (ping) reply (id=0xb827, seq(be/le)=3/768, ttl=255)
7	3.125000	26.28.10.13	26.28.20.1	ICMP	Echo (ping) request (id=0xb927, seq(be/le)=4/1024, ttl=127)
8	3.141000	26.28.20.1	26.28.10.13	ICMP	Echo (ping) reply (id=0xb927, seq(be/le)=4/1024, ttl=255)
9	4.172000	26.28.10.14	26.28.20.1	ICMP	Echo (ping) request (id=0xba27, seq(be/le)=5/1280, ttl=127)
10	4.172000	26.28.20.1	26.28.10.14	ICMP	Echo (ping) reply (id=0xba27, seq(be/le)=5/1280, ttl=255)

```
⊞ Differentiated Services Field: 0x00 (DSCP 0x00: Default; ECN: 0x00)
  Total Length: 60
  Identification: 0x27b7 (10167)
⊞ Flags: 0x02 (Don't Fragment)
  Fragment offset: 0
  Time to live: 127
  Protocol: ICMP (1)
⊞ Header checksum: 0x81c6 [correct]
  Source: 26.28.10.11 (26.28.10.11)
  Destination: 26.28.20.1 (26.28.20.1)
⊞ Internet Control Message Protocol
```

图 8-5　R1 的抓包结果

可以看到，PC2 可以成功访问外网，而且来自该主机的 IMP 数据包在 R1 的 GE 0/0/1 接口上，源地址被替换为外网地址池中的地址。

4．NAT Easy-IP 配置

根据当前新冠肺炎疫情管控需要，学生上网课成为主要授课方式，上外网需求急剧上升。目前路由器 R1 的公网地址数不足，为了方便学生使用外网，网络管理员使用多对一的 Easy-IP 转换方式来实现学生上外网的需求。

Easy-IP 是 NAPT 的一种方式，直接借用路由器出接口 IP 地址作为公网地址，使多个内网地址可以映射到同一个公网地址的不同端口号上，从而实现多对一的地址转换。此时，需要网络管理员将路由器对外接口设置为 Easy-IP 接口。

我们仍在原有的拓扑结构上来完成。要设置新的接口类型，需要将原有配置删除。使用 undo nat outbound 命令删除上一步的配置。使用 nat outbound 命令，配置动态 NAT 在出接口上使用 PAT 端口复用，且直接使用接口 IP 地址作为 NAT 转换后的地址。

```
[R1]interface GigabitEthernet 0/0/1
[R1-GigabitEthernet0/0/1]undo nat outbound 2000 address-group 1 no-pat
[R1-GigabitEthernet0/0/1]nat outbound 2000
```

配置完成后，在 PC2 上使用 UDP 发包工具发送 UDP 数据包到公网地址 26.28.20.1。

双击 PC2，选择“UDP 发包工具”选项卡，将目的 IP 地址和端口号、源 IP 地址和

端口号填写完整，并在数据框中填写测试数据，单击“发送”按钮。同样，为 PC3 也进行配置，如图 8-6 和图 8-7 所示。

display nat session 命令用来查看 NAT 映射表项。在数据发送后，在 R1 上使用 display nat session protocol udp verbose 命令查看 NAT Session 的详细信息。

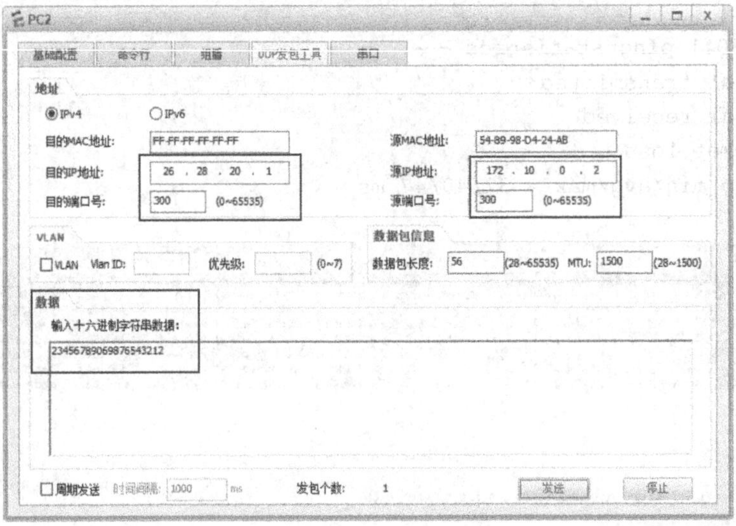

图 8-6　PC2 配置界面

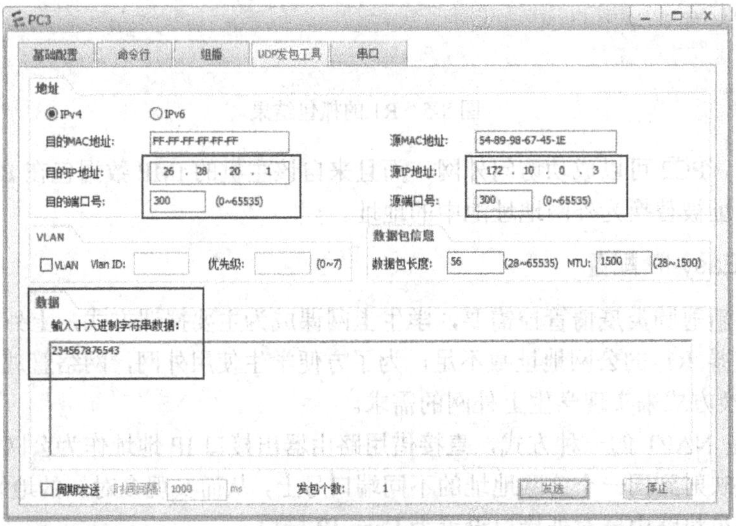

图 8-7　PC3 配置界面

```
<R1>display nat session protocol udp verbose
  NAT Session Table Information:

     Protocol          : UDP(17)
     SrcAddr  Port Vpn : 172.10.0.3      11265
     DestAddr Port Vpn : 26.28.20.1      11265
     Time To Live      : 120 s
     NAT-Info
```

```
    New SrcAddr     : 26.28.10.1
    New SrcPort     : 10269
    New DestAddr    : ----
    New DestPort    : ----

  Protocol         : UDP(17)
  SrcAddr  Port Vpn : 172.10.0.2      11265
  DestAddr Port Vpn : 26.28.20.1      11265
  Time To Live      : 120 s
  NAT-Info
    New SrcAddr     : 26.28.10.1
    New SrcPort     : 10268
    New DestAddr    : ----
    New DestPort    : ----

Total : 2
```

从结果可以看到，PC2 和 PC3 均使用了同一个 R1 公网地址与外网连通，但是使用的端口号不同。这种方式不需要建立地址池，大大节省了地址空间。

实验 9　静态路由配置

一、简单静态路由配置

原理描述

网络中的每个路由器都会维护一张路由表或转发表。路由表的表项记录着目的网络信息以及下一跳 IP 地址。路由表可以手动配置，也可以通过路由算法动态生成。静态路由是指由用户或网络管理员手动配置的路由。相比于动态路由协议，静态路由无须在路由器之间频繁地交互路由表，具有配置简单、便于维护、可控性强等特点，适用于小型、简单的网络环境。

默认路由是一种特殊的静态路由，当路由表中没有与数据包目的地址匹配的表项时，数据包将根据默认路由条目进行转发。默认路由在某些时候非常有效，如在末梢网络中，默认路由可以大大简化路由器配置，减轻网络管理员的工作负担。

实验目的

1. 掌握配置静态路由的方法。
2. 掌握测试静态路由连通性的方法。
3. 掌握配置默认路由的方法。
4. 掌握测试默认路由连通性的方法。

实验内容

某公司要用 3 台路由器将位于 3 个区域的设备相互连接起来，3 个路由器各连接一个区域的子网，要求能够实现 3 个子网内主机之间的正常通信。本实验将通过配置基本的静态路由和默认路由来实现。

实验配置

1. 实验设备

路由器 AR2220 3 台，PC 3 台。

2. 网络拓扑

静态路由及默认路由基本配置拓扑结构如图 9-1 所示。

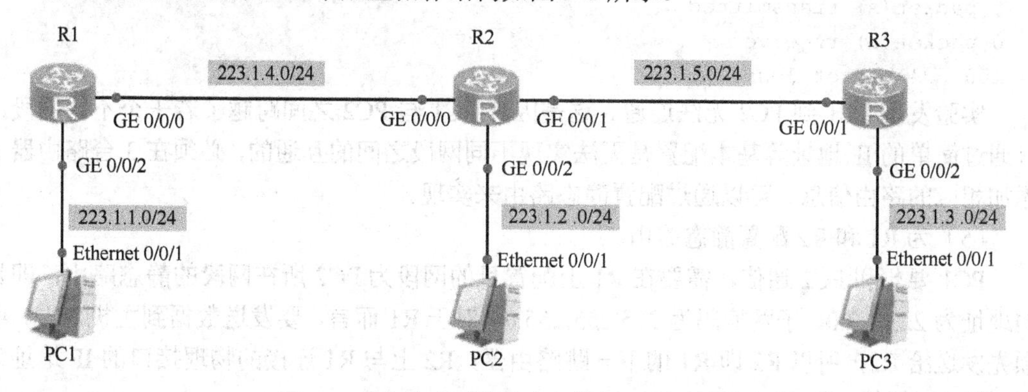

图 9-1 静态路由及默认路由基本配置拓扑结构

3. 设备编址

设备接口编址如表 9-1 所示。

表 9-1 设备接口编址

设备名称	接口	IP 地址	子网掩码	默认网关
R1（AR2220）	GE 0/0/0	223.1.4.1	255.255.255.0	—
	GE 0/0/2	223.1.1.254	255.255.255.0	—
R2（AR2220）	GE 0/0/0	223.1.4.2	255.255.255.0	—
	GE 0/0/1	223.1.5.1	255.255.255.0	—
	GE 0/0/2	223.1.2.254	255.255.255.0	—
R3（AR2220）	GE 0/0/1	223.1.5.2	255.255.255.0	—
	GE 0/0/2	223.1.3.254	255.255.255.0	—
PC1	Ethernet 0/0/1	223.1.1.1	255.255.255.0	223.1.1.254
PC2	Ethernet 0/0/1	223.1.2.1	255.255.255.0	223.1.2.254
PC3	Ethernet 0/0/1	223.1.3.1	255.255.255.0	223.1.3.254

实验步骤

（1）新建网络拓扑结构。

（2）配置好 PC1～PC3 的网络参数。

（3）为路由器 R1、R2 和 R3 配置端口 IP 地址。

（4）通过 ping 验证 3 台主机之间的连通性。

在 PC1 命令行输入 ping 命令，测试到 PC2 的连通性。

```
PC>ping 223.1.2.1
Ping 223.1.2.1: 32 data bytes, Press Ctrl_C to break
Request timeout!
Request timeout!
Request timeout!
Request timeout!
```

```
Request timeout!
--- 223.1.2.1 ping statistics ---
  5 packet(s) transmitted
  0 packet(s) received
  100.00% packet loss
```

实验发现 PC1 到 PC2 无法连通。这是因为 PC1 与 PC2 之间跨越了若干个不同网段，只通过简单的 IP 地址等基本配置是无法实现不同网段之间的互通的，必须在 3 台路由器上添加相应的路由信息。可以通过配置静态路由来实现。

（5）为 R1 和 R2 配置静态路由。

PC1 要想和 PC2 通信，需要在 R1 上配置目的网段为 PC2 所在网段的静态路由，即目的地址为 223.1.2.0，子网掩码为 255.255.255.0。对于 R1 而言，要发送数据到主机 PC2，必须先发送给 R2，所以 R2 即 R1 的下一跳路由器，R2 上与 R1 连接的物理接口的 IP 地址为下一跳 IP 地址，即 223.1.4.2。

第 1 步：用 ip route-static 命令配置 R1 的下一跳 IP 地址。

```
[R1]ip route-static 223.1.2.0 255.255.255.0 223.1.4.2
```

配置完成后，查看 R1 上的路由表。

```
[R1]display ip routing-table
Route Flags: R - relay, D - download to fib
------------------------------------------------------------------------------
Routing Tables: Public
        Destinations : 11       Routes : 11
Destination/Mask    Proto   Pre  Cost  Flags NextHop         Interface
       127.0.0.0/8  Direct  0    0     D     127.0.0.1       InLoopBack0
      127.0.0.1/32  Direct  0    0     D     127.0.0.1       InLoopBack0
127.255.255.255/32  Direct  0    0     D     127.0.0.1       InLoopBack0
      223.1.1.0/24  Direct  0    0     D     223.1.1.254GigabitEthernet0/0/2
    223.1.1.254/32  Direct  0    0     D     127.0.0.1       GigabitEthernet0/0/2
    223.1.1.255/32  Direct  0    0     D     127.0.0.1       GigabitEthernet0/0/2
      223.1.2.0/24  Static  60   0     RD    223.1.4.2       GigabitEthernet0/0/0
      223.1.4.0/24  Direct  0    0     D     223.1.4.1       GigabitEthernet0/0/0
      223.1.4.1/32  Direct  0    0     D     127.0.0.1       GigabitEthernet0/0/0
    223.1.4.255/32  Direct  0    0     D     127.0.0.1       GigabitEthernet0/0/0
255.255.255.255/32  Direct  0    0     D     127.0.0.1       InLoopBack0
```

可以看到，R1 的路由表中可以看到主机 PC2 所在网段的路由信息。

第 2 步：采用同样的方式，在 R2 上配置目的网段为主机 PC1 的反向路由信息，即目的 IP 地址为 223.1.1.0，目的地址的掩码除了可以采用点分十进制表示，还可以直接使用掩码长度，也就是 24 来表示。对于 R2 而言，要发送数据到 PC1，则必须发送给 R1，所以 R1 与 R2 连接的物理接口的 IP 地址为下一跳 IP 地址，即 223.1.4.1。

```
[R2]ip route-static 223.1.1.0 24 223.1.4.1
```

配置完成后，查看 R2 路由表。

```
[R2]display ip routing-table
Route Flags: R - relay, D - download to fib
------------------------------------------------------------------------------
Routing Tables: Public
```

```
         Destinations : 14        Routes : 14
Destination/Mask    Proto   Pre  Cost   Flags NextHop        Interface
      127.0.0.0/8   Direct  0    0       D    127.0.0.1      InLoopBack0
      127.0.0.1/32  Direct  0    0       D    127.0.0.1      InLoopBack0
127.255.255.255/32  Direct  0    0       D    127.0.0.1      InLoopBack0
      223.1.1.0/24  Static  60   0       D    223.1.4.1      GigabitEthernet0/0/0
      223.1.2.0/24  Direct  0    0       D    223.1.2.254    GigabitEthernet0/0/2
    223.1.2.254/32  Direct  0    0       D    127.0.0.1      GigabitEthernet0/0/2
    223.1.2.255/32  Direct  0    0       D    127.0.0.1      GigabitEthernet0/0/2
      223.1.4.0/24  Direct  0    0       D    223.1.4.2      GigabitEthernet0/0/0
      223.1.4.2/32  Direct  0    0       D    127.0.0.1      GigabitEthernet0/0/0
    223.1.4.255/32  Direct  0    0       D    127.0.0.1      GigabitEthernet0/0/0
      223.1.5.0/24  Direct  0    0       D    223.1.5.1      GigabitEthernet0/0/1
      223.1.5.1/32  Direct  0    0       D    127.0.0.1      GigabitEthernet0/0/1
    223.1.5.255/32  Direct  0    0       D    127.0.0.1      GigabitEthernet0/0/1
255.255.255.255/32  Direct  0    0       D    127.0.0.1      InLoopBack0
```

可以看到，R2的路由表中可以看到主机PC1所在网段的路由信息。

第3步：在主机PC1上ping主机PC2。

```
PC>ping 223.1.2.1
Ping 223.1.2.1: 32 data bytes, Press Ctrl_C to break
From 223.1.2.1: bytes=32 seq=1 ttl=126 time=31 ms
From 223.1.2.1: bytes=32 seq=2 ttl=126 time=31 ms
From 223.1.2.1: bytes=32 seq=3 ttl=126 time=31 ms
From 223.1.2.1: bytes=32 seq=4 ttl=126 time=63 ms
From 223.1.2.1: bytes=32 seq=5 ttl=126 time=31 ms
--- 223.1.2.1 ping statistics ---
  5 packet(s) transmitted
  5 packet(s) received
  0.00% packet loss
  round-trip min/avg/max = 31/37/63 ms
```

此时发现PC1可以ping通PC2，说明现在已经实现了主机PC1与PC2之间的通信。

（6）配置R1、R2、R3。

我们可以使用同样的方法再次配置R1、R2、R3，使得PC1、PC2和PC3之间都能够通信。

（7）使用默认路由实现简单的网络优化。

默认路由是一种特殊的静态路由，使用默认路由可以简化路由器上的配置。例如，我们查看此时路由器R1上的路由表。

```
<R1>display ip routing-table
Route Flags: R - relay, D - download to fib
------------------------------------------------------------------------------
Routing Tables: Public
         Destinations : 12        Routes : 12
Destination/Mask    Proto   Pre  Cost   Flags NextHop        Interface
      127.0.0.0/8   Direct  0    0       D    127.0.0.1      InLoopBack0
      127.0.0.1/32  Direct  0    0       D    127.0.0.1      InLoopBack0
127.255.255.255/32  Direct  0    0       D    127.0.0.1      InLoopBack0
```

```
     223.1.1.0/24  Direct  0    0    D    223.1.1.254 GigabitEthernet0/0/2
   223.1.1.254/32  Direct  0    0    D    127.0.0.1   GigabitEthernet0/0/2
   223.1.1.255/32  Direct  0    0    D    127.0.0.1   GigabitEthernet0/0/2
     223.1.2.0/24  Static  60   0    RD   223.1.4.2   GigabitEthernet0/0/0
     223.1.3.0/24  Static  60   0    RD   223.1.4.2   GigabitEthernet0/0/0
     223.1.4.0/24  Direct  0    0    D    223.1.4.1   GigabitEthernet0/0/0
     223.1.4.1/32  Direct  0    0    D    127.0.0.1   GigabitEthernet0/0/0
   223.1.4.255/32  Direct  0    0    D    127.0.0.1   GigabitEthernet0/0/0
255.255.255.255/32 Direct  0    0    D    127.0.0.1   InLoopBack0
```

此时，R1 上存在两条静态路由条目，是之前通过手动配置的，这两条静态路由的下一跳和输出端口都一致，我们可以使用一条默认路由来替代这两条静态路由。现在我们在 R1 上配置一条默认路由，目的网段和子网掩码为全 0，表示任何网络，下一跳为 223.1.4.2，然后删除之前配置的两条静态路由。

```
[R1]ip route-static 0.0.0.0 0.0.0.0 223.1.4.2
[R1]undo ip route-static 223.1.2.0 24 223.1.4.2
[R1]undo ip route-static 223.1.3.0 24 223.1.4.2
```

配置完成之后，再次查看 R1 的路由表。

```
[R1]display ip routing-table
Route Flags: R - relay, D - download to fib
------------------------------------------------------------------------------
Routing Tables: Public
        Destinations : 11       Routes : 11
Destination/Mask    Proto  Pre  Cost  Flags NextHop     Interface
       0.0.0.0/0   Static  60   0     RD    223.1.4.2
                   GigabitEthernet0/0/0
     127.0.0.0/8   Direct  0    0     D     127.0.0.1   InLoopBack0
     127.0.0.1/32  Direct  0    0     D     127.0.0.1   InLoopBack0
127.255.255.255/32 Direct  0    0     D     127.0.0.1   InLoopBack0
     223.1.1.0/24  Direct  0    0     D     223.1.1.254 GigabitEthernet0/0/2
   223.1.1.254/32  Direct  0    0     D     127.0.0.1   GigabitEthernet0/0/2
   223.1.1.255/32  Direct  0    0     D     127.0.0.1   GigabitEthernet0/0/2
     223.1.4.0/24  Direct  0    0     D     223.1.4.1   GigabitEthernet0/0/0
     223.1.4.1/32  Direct  0    0     D     127.0.0.1   GigabitEthernet0/0/0
   223.1.4.255/32  Direct  0    0     D     127.0.0.1   GigabitEthernet0/0/0
255.255.255.255/32 Direct  0    0     D     127.0.0.1   InLoopBack0
```

可以发现，此时的路由表中多了一条默认路由，而没有了之前的两条静态路由。再次测试主机 PC1 与 PC2 和 PC3 之间的连通性。

```
PC>ping 223.1.2.1
Ping 223.1.2.1: 32 data bytes, Press Ctrl_C to break
From 223.1.2.1: bytes=32 seq=1 ttl=126 time=16 ms
From 223.1.2.1: bytes=32 seq=2 ttl=126 time=15 ms
From 223.1.2.1: bytes=32 seq=3 ttl=126 time=15 ms
From 223.1.2.1: bytes=32 seq=4 ttl=126 time=16 ms
From 223.1.2.1: bytes=32 seq=5 ttl=126 time=31 ms
--- 223.1.2.1 ping statistics ---
  5 packet(s) transmitted
```

```
  5 packet(s) received
  0.00% packet loss
  round-trip min/avg/max = 15/18/31 ms

PC>ping 223.1.3.1
Ping 223.1.3.1: 32 data bytes, Press Ctrl_C to break
From 223.1.3.1: bytes=32 seq=1 ttl=125 time=31 ms
From 223.1.3.1: bytes=32 seq=2 ttl=125 time=16 ms
From 223.1.3.1: bytes=32 seq=3 ttl=125 time=15 ms
From 223.1.3.1: bytes=32 seq=4 ttl=125 time=31 ms
From 223.1.3.1: bytes=32 seq=5 ttl=125 time=32 ms
--- 223.1.3.1 ping statistics ---
  5 packet(s) transmitted
  5 packet(s) received
  0.00% packet loss
  round-trip min/avg/max = 15/25/32 ms
```

发现主机 PC1 到 PC2 和 PC3 之间的通信正常，说明使用默认路由不仅能够达到和静态路由一样的效果，还能够减少配置量。在 R3 上也可以进行同样的配置。

注意：

① 对于使用以太网接口的路由器，在配置静态路由时，为了保证路由的正确性，应明确指明下一跳地址，而不要直接指定输出端口。

② 在配置默认路由过程中，配置顺序是先配置默认路由，再删除原有的静态路由，这样可以避免网络出现连接中断。

二、浮动静态路由配置

原理描述

浮动静态路由也是一种特殊的静态路由，主要考虑链路冗余。浮动静态路由通过配置一条比主路由优先级低的静态路由，用于保证在主路由失效的情况下，能够提供备份路由。在正常情况下，备份路由不会在路由表中出现，当主路由失效时，备份路由开始生效。

实验目的

1．掌握配置浮动静态路由的方法。
2．掌握测试浮动静态路由的方法。

实验内容

某公司要用 2 台路由器将位于 2 个区域的设备相互连接起来，2 个路由器各连接一个区域的子网，要求能够实现两个子网内主机之间的正常通信。其中，两个路由器之间通过 GE 接口连接的链路为主链路，通过 SE 接口连接的链路为备用链路。本实验使用浮动静态路由来实现。

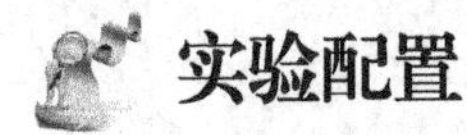

实验配置

1. 实验设备

路由器 AR2220 2 台，PC 2 台。

2. 网络拓扑

浮动静态路由基本配置拓扑结构如图 9-2 所示。

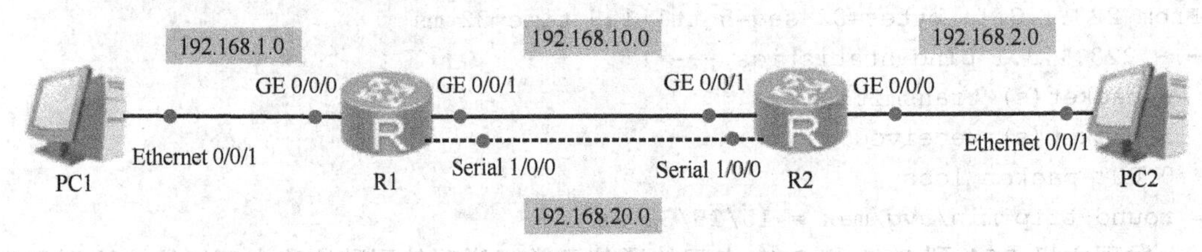

图 9-2　浮动静态路由基本配置拓扑结构

3. 设备编址

设备接口编址如表 9-2 所示。

表 9-2　设备接口编址

设备名称	接　口	IP 地址	子网掩码	默认网关
R1（AR2220）	GE 0/0/0	192.168.1.2	255.255.255.0	—
	GE 0/0/1	192.168.10.1	255.255.255.0	—
	Serial 1/0/0	192.168.20.1	255.255.255.0	—
R2（AR2220）	GE 0/0/0	192.168.2.2	255.255.255.0	—
	GE 0/0/1	192.168.10.2	255.255.255.0	—
	Serial 1/0/0	192.168.20.2	255.255.255.0	—
PC1	Ethernet 0/0/1	192.168.1.1	255.255.255.0	192.168.1.2
PC2	Ethernet 0/0/1	192.168.2.1	255.255.255.0	192.168.2.2

实验步骤

（1）新建网络拓扑结构。

（2）配置好 PC1 和 PC2 的网络参数。

（3）添加接口卡。

在路由器 R1 和 R2 上添加 2 端口-同异步 WAN（Wide Area Network，广域网）接口卡，并为路由器 R1、R2 配置端口 IP 地址。

（4）配置静态路由。

在路由器 R1 上配置到主机 PC2 所在网段的静态路由，在路由器 R2 上配置到主机 PC1 所在网段的静态路由。设置静态路由时使用路由器的 GE 接口转发。

```
[R1]ip route-static 192.168.2.0 24 192.168.10.2
[R2]ip route-static 192.168.1.0 24 192.168.10.1
```

（5）查看路由表。

配置完成后，使用 display ip routing-table 命令查看 R1 的路由表。

```
[R1]display ip routing-table
Route Flags: R - relay, D - download to fib
------------------------------------------------------------------------------
Routing Tables: Public
         Destinations : 15       Routes : 15
Destination/Mask    Proto   Pre  Cost  Flags  NextHop         Interface
      127.0.0.0/8   Direct  0    0     D      127.0.0.1       InLoopBack0
      127.0.0.1/32  Direct  0    0     D      127.0.0.1       InLoopBack0
127.255.255.255/32  Direct  0    0     D      127.0.0.1       InLoopBack0
    192.168.1.0/24  Direct  0    0     D      192.168.1.2     GigabitEthernet0/0/0
    192.168.1.2/32  Direct  0    0     D      127.0.0.1       GigabitEthernet0/0/0
  192.168.1.255/32  Direct  0    0     D      127.0.0.1       GigabitEthernet0/0/0
    192.168.2.0/24  Static  60   0     RD     192.168.10.2    GigabitEthernet0/0/1
   192.168.10.0/24  Direct  0    0     D      192.168.10.1    GigabitEthernet0/0/1
   192.168.10.1/32  Direct  0    0     D      127.0.0.1       GigabitEthernet0/0/1
 192.168.10.255/32  Direct  0    0     D      127.0.0.1       GigabitEthernet0/0/1
   192.168.20.0/24  Direct  0    0     D      192.168.20.1    Serial1/0/0
   192.168.20.1/32  Direct  0    0     D      127.0.0.1       Serial1/0/0
   192.168.20.2/32  Direct  0    0     D      192.168.20.2    Serial1/0/0
 192.168.20.255/32  Direct  0    0     D      127.0.0.1       Serial1/0/0
255.255.255.255/32  Direct  0    0     D      127.0.0.1       InLoopBack0
```

可以看到，路由器 R1 的路由表中存在主机 PC2 所在网络的路由条目，下一跳路由器为 R2。

（6）测试连通性。

测试主机 PC1 与 PC2 之间的连通性，并通过 tracert 命令查看经过的中间路由器。

```
PC>ping 192.168.2.1
Ping 192.168.2.1: 32 data bytes, Press Ctrl_C to break
From 192.168.2.1: bytes=32 seq=1 ttl=126 time=16 ms
From 192.168.2.1: bytes=32 seq=2 ttl=126 time=31 ms
From 192.168.2.1: bytes=32 seq=3 ttl=126 time=16 ms
From 192.168.2.1: bytes=32 seq=4 ttl=126 time=15 ms
From 192.168.2.1: bytes=32 seq=5 ttl=126 time=32 ms
--- 192.168.2.1 ping statistics ---
  5 packet(s) transmitted
  5 packet(s) received
  0.00% packet loss
  round-trip min/avg/max = 15/22/32 ms

PC>tracert 192.168.2.1
traceroute to 192.168.2.1, 8 hops max
(ICMP), press Ctrl+C to stop
 1  192.168.1.2   15 ms  16 ms  16 ms
 2  192.168.10.2   31 ms  31 ms  16 ms
 3  192.168.2.1   15 ms  16 ms  16 ms
```

经测试，主机 PC1 与主机 PC2 之间的通信正常。通过观察发现，数据报是经过 192.168.10.2 接口，也就是路由器 R2 的 GE 接口转发的。通过上面的配置，网络搭建已经初步完成。

（7）配置浮动静态路由以实现路由备份。

现在需要设置 R1 和 R2 的 SE 接口之间的链路为备份链路，以实现当主链路发生故障时，备份链路可以继续保证通信。

第 1 步：用 ip route-static 命令在 R1 上配置静态路由，目的网段为主机 PC2 所在网段，下一跳为 R2 的 SE 接口，将路由优先级数值设置为 100（默认值是 60）。

```
[R1]ip route-static 192.168.2.0 24 192.168.20.2 preference 100
```

第 2 步：配置完成后，使用 disp ip routing-table protocol static 命令仅查看静态路由信息。

```
[R1]disp ip routing-table protocol static
Route Flags: R - relay, D - download to fib
------------------------------------------------------------------------------
Public routing table : Static
      Destinations : 1        Routes : 2       Configured Routes : 2
Static routing table status : <Active>
      Destinations : 1        Routes : 1
Destination/Mask    Proto   Pre  Cost  Flags NextHop         Interface
   192.168.2.0/24  Static  60   0      RD   192.168.10.2 GigabitEthernet0/0/1
Static routing table status : <Inactive>
      Destinations : 1        Routes : 1
Destination/Mask    Proto   Pre  Cost     Flags NextHop         Interface
   192.168.2.0/24  Static  100  0         R    192.168.20.2    Serial1/0/0
```

可以看到，主机 PC2 所在网段有两条优先级数值分别为 100 和 60 的静态路由条目，通常情况下，会选择优先级较高的路由作为主路由。优先级数值越小，优先级越高。所以，路由器 R1 选择优先级数值为 60 的路由条目放入路由表中，状态为 Active；而优先级数值为 100 的路由状态为 Inactive，作为备份路由。只有当 Active 的路由失效时，备份路由才会启用。

第 3 步：用 disp ip routing-table 命令显示 R1 的路由表来验证。

```
[R1]disp ip routing-table
Route Flags: R - relay, D - download to fib
------------------------------------------------------------------------------
Routing Tables: Public
      Destinations : 15       Routes : 15
Destination/Mask    Proto   Pre  Cost Flags NextHop         Interface
      127.0.0.0/8   Direct  0    0    D     127.0.0.1       InLoopBack0
      127.0.0.1/32  Direct  0    0    D     127.0.0.1       InLoopBack0
127.255.255.255/32 Direct  0    0    D     127.0.0.1       InLoopBack0
    192.168.1.0/24  Direct  0    0    D     192.168.1.2     GigabitEthernet0/0/0
    192.168.1.2/32  Direct  0    0    D     127.0.0.1       GigabitEthernet0/0/0
  192.168.1.255/32  Direct  0    0    D     127.0.0.1       GigabitEthernet0/0/0
    192.168.2.0/24  Static  60   0    RD    192.168.10.2    GigabitEthernet0/0/1
   192.168.10.0/24  Direct  0    0    D     192.168.10.1    GigabitEthernet0/0/1
   192.168.10.1/32  Direct  0    0    D     127.0.0.1       GigabitEthernet0/0/1
```

```
 192.168.10.255/32 Direct 0   0   D    127.0.0.1     GigabitEthernet0/0/1
   192.168.20.0/24 Direct 0   0   D    192.168.20.1  Serial1/0/0
   192.168.20.1/32 Direct 0   0   D    127.0.0.1     Serial1/0/0
   192.168.20.2/32 Direct 0   0   D    192.168.20.2  Serial1/0/0
 192.168.20.255/32 Direct 0   0   D    127.0.0.1     Serial1/0/0
255.255.255.255/32 Direct 0   0   D    127.0.0.1     InLoopBack0
```

可以发现，R1 的路由表中只有优先级数值为 60 的主路由，而没有显示优先级数值为 100 的备份路由。

（8）按照同样的方法在路由器 R2 上设置到主机 PC1 的路由。

```
[R2]ip route-static 192.168.1.0 24 192.168.20.1 preference 100
```

（9）将路由器 R1 上的 g0/0/1 口关闭，验证备份链路的使用。

第 1 步：关闭 R1 上的 g0/0/1 口。

```
[R1-Serial1/0/0]int g0/0/1
[R1-GigabitEthernet0/0/1]shutdown
```

第 2 步：配置完成后，查看路由器 R1 上的路由表以及静态路由表。

```
[R1-GigabitEthernet0/0/1]disp ip routing-table
Route Flags: R - relay, D - download to fib
------------------------------------------------------------------------------
Routing Tables: Public
        Destinations : 12       Routes : 12
Destination/Mask    Proto   Pre  Cost Flags NextHop        Interface
     127.0.0.0/8    Direct  0    0    D     127.0.0.1      InLoopBack0
     127.0.0.1/32   Direct  0    0    D     127.0.0.1      InLoopBack0
127.255.255.255/32  Direct  0    0    D     127.0.0.1      InLoopBack0
   192.168.1.0/24   Direct  0    0    D     192.168.1.2    GigabitEthernet0/0/0
   192.168.1.2/32   Direct  0    0    D     127.0.0.1      GigabitEthernet0/0/0
 192.168.1.255/32   Direct  0    0    D     127.0.0.1      GigabitEthernet0/0/0
   192.168.2.0/24   Static  100  0    RD    192.168.20.2   Serial1/0/0
  192.168.20.0/24   Direct  0    0    D     192.168.20.1   Serial1/0/0
  192.168.20.1/32   Direct  0    0    D     127.0.0.1      Serial1/0/0
  192.168.20.2/32   Direct  0    0    D     192.168.20.2   Serial1/0/0
 192.168.20.255/32  Direct  0    0    D     127.0.0.1      Serial1/0/0
255.255.255.255/32  Direct  0    0    D     127.0.0.1      InLoopBack0
```

可以观察到，此时优先级数值为 100 的路由条目已经添加到路由表中。

```
[R1]disp ip routing-table protocol static
Route Flags: R - relay, D - download to fib
------------------------------------------------------------------------------
Public routing table : Static
        Destinations : 1        Routes : 2        Configured Routes : 2
Static routing table status : <Active>
        Destinations : 1        Routes : 1
Destination/Mask    Proto   Pre  Cost      Flags NextHop         Interface
   192.168.2.0/24  Static  100  0         RD   192.168.20.2     Serial1/0/0
Static routing table status : <Inactive>
        Destinations : 1        Routes : 1
Destination/Mask    Proto   Pre  Cost      Flags NextHop         Interface
```

```
192.168.2.0/24  Static  60   0               192.168.10.2    Unknown
```

在静态路由表中，优先级数值为 100 的路由条目现在是 Active 状态，而优先级数值为 60 的路由条目现在是 Inactive 状态。

（10）测试主机 PC1 和主机 PC2 之间的通信以及经过的路由器。

```
PC>ping 192.168.2.1
Ping 192.168.2.1: 32 data bytes, Press Ctrl_C to break
From 192.168.2.1: bytes=32 seq=1 ttl=126 time=16 ms
From 192.168.2.1: bytes=32 seq=2 ttl=126 time=16 ms
From 192.168.2.1: bytes=32 seq=3 ttl=126 time=15 ms
From 192.168.2.1: bytes=32 seq=4 ttl=126 time=16 ms
From 192.168.2.1: bytes=32 seq=5 ttl=126 time=15 ms
--- 192.168.2.1 ping statistics ---
  5 packet(s) transmitted
  5 packet(s) received
  0.00% packet loss
  round-trip min/avg/max = 15/15/16 ms

PC>tracert 192.168.2.1
traceroute to 192.168.2.1, 8 hops max
(ICMP), press Ctrl+C to stop
 1  192.168.1.2   32 ms  15 ms  16 ms
 2  192.168.20.2   31 ms  16 ms  31 ms
 3  192.168.2.1   16 ms  15 ms  16 ms
```

可以看出，主机 PC1 和主机 PC2 之间的通信也是正常的。数据报是经过 192.168.20.2 接口，也就是路由器 R2 的 SE 接口转发的，也就是说，数据是通过备份路由到达目的网络的。

实验 10　RIP 协议配置

原理描述

RIP（Routing Information Protocol，路由信息协议）是最早的距离向量路由协议，采用 Bellman-Ford 算法。尽管 RIP 协议缺少许多高级协议所支持的复杂功能，但简单性是其最大的优势，至今应用仍然十分广泛。

RIP 协议使用跳数（Hop Count）衡量网络间的距离，RIP 协议允许路由的最大跳数为 15。因此，16 意味着目的网络不可达。RIP 协议允许的最大的目的网络数目为 25 个。可见，RIP 协议只适用于小型网络。

RIP 协议分为版本 1（RIPv1 RFC1058）和版本 2（RIPv2 RFC2453），后者兼容前者。RIP 协议要求网络中每一台路由器都要维护从自身到每一个目的网络的路由信息。在默认情况下，运行 RIP 协议的路由器每隔 30s，会利用 UDP520 端口向与其直连的网络邻居广播（RIPv1）或组播（RIPv2）路由通告。由于 RIP 是一种局部信息协议，可能会出现无穷计数或路由环路问题，因此 RIP 采用了水平分割、毒性逆转、定义最大跳数、触发更新和抑制计时等机制来避免这些问题。

无论是 RIPv1 还是 RIPv2，都具备下列特征：

（1）是距离向量路由协议。

（2）使用跳数作为距离度量值。

（3）默认时路由更新周期为 30s。

（4）支持触发更新。

（5）度量值的最大跳数为 15 跳。

（6）支持等价路径，默认 4 跳。

（7）源端口和目的端口都使用 UDP 520 端口进行操作。

一个 RIP 通告，在无验证时，最多可以包含 25 个路由项，最大 512 字节（UDP 报头 8 字节+RIP 报头 4 字节+路由信息 25×20 字节）；有验证时，最多包含 24 个路由项。

RIPv1 和 RIPv2 的区别如表 10-1 所示。

表 10-1　RIPv1 和 RIPv2 的区别

RIPv1	RIPv2
在路由通告的过程中不携带子网信息	在路由通告的过程中携带子网信息
不提供验证	提供明文和 MD5 验证

续表

RIPv1	RIPv2
不支持 VLSM（Variable Length Subnet Masking，可变长度子网掩码）和 CIDR	支持 VLSM 和 CIDR
采用广播通告	采用组播（224.0.0.9）通告
有类（Classful）路由协议	无类（Classless）路由协议

一、RIPv1 配置

实验目的

1. 掌握 RIPv1 的配置方法。
2. 查看 RIP 路由的更新过程。
3. 掌握测试 RIP 网络连通性的方法。

实验内容

某小型公司网络拓扑很简单，要用 3 台路由器实现 3 个区域子网的互连。本实验将通过模拟简单的企业网络场景来描述 RIP 路由协议的基本配置，并介绍一些基本的查看 RIP 信息的命令的使用方法。

实验配置

1．实验设备

路由器 AR2220 3 台，PC 3 台。

2．网络拓扑

RIPv1 协议基本配置拓扑结构如图 10-1 所示。

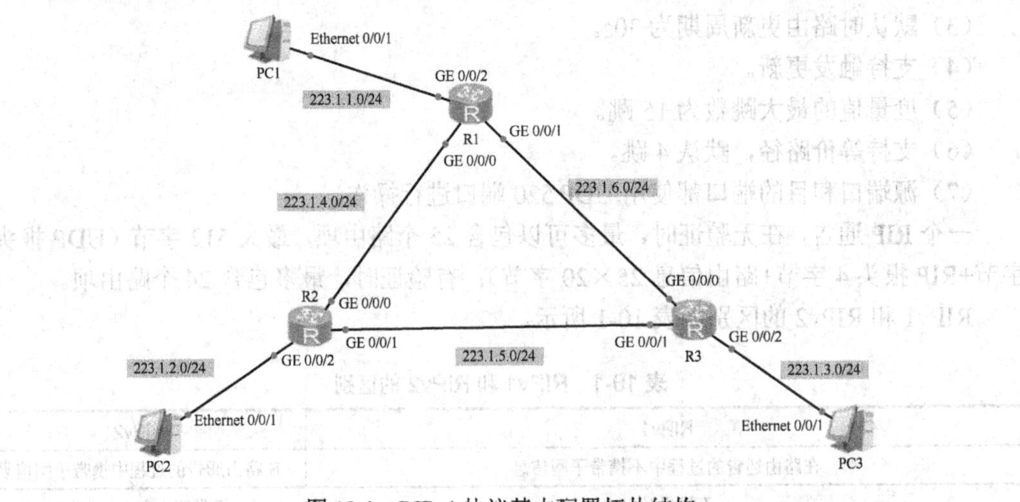

图 10-1　RIPv1 协议基本配置拓扑结构

3. 设备编址

设备接口编址如表 10-2 所示。

表 10-2 设备接口编址

设备名称	接口	IP 地址	子网掩码	默认网关
R1（AR2220）	GE 0/0/0	223.1.4.1	255.255.255.0	—
	GE 0/0/1	223.1.6.1	255.255.255.0	—
	GE 0/0/2	223.1.1.254	255.255.255.0	—
R2（AR2220）	GE 0/0/0	223.1.4.2	255.255.255.0	—
	GE 0/0/1	223.1.5.1	255.255.255.0	—
	GE 0/0/2	223.1.2.254	255.255.255.0	—
R3（AR2220）	GE 0/0/0	223.1.6.2	255.255.255.0	—
	GE 0/0/1	223.1.5.2	255.255.255.0	—
	GE 0/0/2	223.1.3.254	255.255.255.0	—
PC1	Ethernet 0/0/1	223.1.1.1	255.255.255.0	223.1.1.254
PC2	Ethernet 0/0/1	223.1.2.1	255.255.255.0	223.1.2.254
PC3	Ethernet 0/0/1	223.1.3.1	255.255.255.0	223.1.3.254

实验步骤

（1）新建网络拓扑结构，如图 10-1 所示。

（2）配置好 PC1～PC3 的网络参数。

（3）为路由器 R1、R2 和 R3 配置端口 IP 地址。

（4）为路由器 R1 配置 RIP。

使用 rip 命令创建并开启协议进程，默认情况下进程号是 1。使用 network 命令激活参与 RIPv1 的接口，使之能够发送和接收 RIP 通告。这里 network 命令的参数部分是与路由器直连的 A/B/C 类网络的网络号，表明该网络将参与选路计算，并且能够通过该网络收发 RIPv1 通告。

```
[R1]rip
[R1-rip-1]version 1
[R1-rip-1]network 223.1.1.0
[R1-rip-1]network 223.1.4.0
[R1-rip-1]network 223.1.6.0
```

（5）参照上一步，配置 R2 和 R3。

（6）查看路由表。

配置完成后，使用 display ip routing-table 命令查看 R1 的路由表。

```
<R1>display ip routing-table
Route Flags: R - relay, D - download to fib
------------------------------------------------------------------------------
Routing Tables: Public
        Destinations : 16       Routes : 17
Destination/Mask    Proto  Pre Cost Flags NextHop      Interface
     127.0.0.0/8    Direct  0    0    D   127.0.0.1      InLoopBack0
```

```
     127.0.0.1/32  Direct  0    0   D   127.0.0.1     InLoopBack0
127.255.255.255/32  Direct  0    0   D   127.0.0.1     InLoopBack0
     223.1.1.0/24  Direct  0    0   D   223.1.1.254   GigabitEthernet0/0/2
   223.1.1.254/32  Direct  0    0   D   127.0.0.1     GigabitEthernet0/0/2
   223.1.1.255/32  Direct  0    0   D   127.0.0.1     GigabitEthernet0/0/2
     223.1.2.0/24  RIP     100  1   D   223.1.4.2     GigabitEthernet0/0/0
     223.1.3.0/24  RIP     100  1   D   223.1.6.2     GigabitEthernet0/0/1
     223.1.4.0/24  Direct  0    0   D   223.1.4.1     GigabitEthernet0/0/0
     223.1.4.1/32  Direct  0    0   D   127.0.0.1     GigabitEthernet0/0/0
   223.1.4.255/32  Direct  0    0   D   127.0.0.1     GigabitEthernet0/0/0
     223.1.5.0/24  RIP     100  1   D   223.1.6.2     GigabitEthernet0/0/1
                   RIP     100  1   D   223.1.4.2     GigabitEthernet0/0/0
     223.1.6.0/24  Direct  0    0   D   223.1.6.1     GigabitEthernet0/0/1
     223.1.6.1/32  Direct  0    0   D   127.0.0.1     GigabitEthernet0/0/1
   223.1.6.255/32  Direct  0    0   D   127.0.0.1     GigabitEthernet0/0/1
255.255.255.255/32  Direct  0    0   D   127.0.0.1     InLoopBack0
```

可以看到，路由器 R1 已经通过 RIP 协议学习到了到其他目的网段的路由条目。条目中“RIP”表示从 RIP 学习到的表项。最后加深的两条表项说明从路由器 R1 到达目的网络“223.1.5.0/24”有两条路径，度量值都是 1，即所谓的等价路径。

（7）测试主机 PC1、PC2 和 PC3 之间的连通性。

```
PC>ping 223.1.2.1
Ping 223.1.2.1: 32 data bytes, Press Ctrl_C to break
From 223.1.2.1: bytes=32 seq=1 ttl=126 time=31 ms
From 223.1.2.1: bytes=32 seq=2 ttl=126 time=32 ms
From 223.1.2.1: bytes=32 seq=3 ttl=126 time=15 ms
From 223.1.2.1: bytes=32 seq=4 ttl=126 time=31 ms
From 223.1.2.1: bytes=32 seq=5 ttl=126 time=16 ms
--- 223.1.2.1 ping statistics ---
  5 packet(s) transmitted
  5 packet(s) received
  0.00% packet loss
  round-trip min/avg/max = 15/25/32 ms

PC>ping 223.1.3.1
Ping 223.1.3.1: 32 data bytes, Press Ctrl_C to break
From 223.1.3.1: bytes=32 seq=1 ttl=126 time=16 ms
From 223.1.3.1: bytes=32 seq=2 ttl=126 time=16 ms
From 223.1.3.1: bytes=32 seq=3 ttl=126 time=31 ms
From 223.1.3.1: bytes=32 seq=4 ttl=126 time=31 ms
From 223.1.3.1: bytes=32 seq=5 ttl=126 time=31 ms
--- 223.1.3.1 ping statistics ---
  5 packet(s) transmitted
  5 packet(s) received
  0.00% packet loss
  round-trip min/avg/max = 16/25/31 ms
```

可以观察到主机之间的通信正常。

（8）使用 debug 命令来开启 RIP 协议调试功能，并查看 RIP 协议的更新情况。

debug 命令需要在用户视图下使用，若当前处于系统视图，使用 quit 命令退出系统视图。使用 terminal debugging 和 terminal monitor 命令开启屏幕显示调试信息功能，可以在计算机屏幕上看到路由器之间 RIP 协议交互的信息。

```
<R1>debugging rip 1
<R1>terminal debugging
Info: Current terminal debugging is on.
<R1>terminal monitor
Info: Current terminal monitor is on.
Nov 20 2018 11:38:55.424.1-08:00 R1 RIP/7/DBG: 6: 13405: RIP 1: Sending v1
response on GigabitEthernet0/0/2 from 223.1.1.254 with 6 RTEs
Nov 20 2018 11:38:55.424.2-08:00 R1 RIP/7/DBG: 6: 13456: RIP 1: Sending response
on interface GigabitEthernet0/0/2 from 223.1.1.254 to 255.255.255.255
Nov 20 2018 11:38:55.424.3-08:00 R1 RIP/7/DBG: 6: 13476: Packet: Version 1,
Cmd response, Length 124
Nov 20 2018 11:38:55.424.4-08:00 R1 RIP/7/DBG: 6: 13527: Dest 223.1.1.0, Cost 1
Nov 20 2018 11:38:55.424.5-08:00 R1 RIP/7/DBG: 6: 13527: Dest 223.1.2.0, Cost 2
Nov 20 2018 11:38:55.424.6-08:00 R1 RIP/7/DBG: 6: 13527: Dest 223.1.3.0, Cost 2
Nov 20 2018 11:38:55.424.7-08:00 R1 RIP/7/DBG: 6: 13527: Dest 223.1.4.0, Cost 1
Nov 20 2018 11:38:55.424.8-08:00 R1 RIP/7/DBG: 6: 13527: Dest 223.1.5.0, Cost 2
Nov 20 2018 11:38:55.424.9-08:00 R1 RIP/7/DBG: 6: 13527: Dest 223.1.6.0, Cost 1
Nov 20 2018 11:39:10.924.1-08:00 R1 RIP/7/DBG: 6: 13414: RIP 1: Receiving v1
response on GigabitEthernet0/0/1 from 223.1.6.2 with 3 RTEs
Nov 20 2018 11:39:10.924.2-08:00 R1 RIP/7/DBG: 6: 13465: RIP 1: Receive response
from 223.1.6.2 on GigabitEthernet0/0/1
Nov 20 2018 11:39:10.924.3-08:00 R1 RIP/7/DBG: 6: 13476: Packet: Version 1,
Cmd response, Length 64
Nov 20 2018 11:39:10.924.4-08:00 R1 RIP/7/DBG: 6: 13527: Dest 223.1.2.0, Cost 2
Nov 20 2018 11:39:10.924.5-08:00 R1 RIP/7/DBG: 6: 13527: Dest 223.1.3.0, Cost 1
Nov 20 2018 11:39:10.924.6-08:00 R1 RIP/7/DBG: 6: 13527: Dest 223.1.5.0, Cost 1
```

可以观察到 R1 从连接 R2 和 R3 的接口 G0/0/1 和 G0/0/2 周期性地发送、接收 v1 的 Response 更新报文，报文中包含了目的网段、数据报大小，以及 Cost 值。

要关闭调试功能，可以使用 undo debugging rip 1 命令或者 undo debug all 命令。

```
<R1>undo debug all
Info: All possible debugging has been turned off
```

二、RIPv2 配置

实验目的

1. 掌握 RIPv2 的配置方法。
2. 了解 RIPv1 与 RIPv2 的区别。
3. 理解可变长度子网掩码 VLSM 子网划分方法。
4. 掌握向 RIP 网络注入默认路由的方法。

实验内容

某学校要建设校园网，需要上网的主机数包括中心校区 200 台、西校区 100 台、东校区 50 台，共需要 350 个 IP 地址。中心校区路由器与 ISP 网络通过串口接入广域网，其他连接都是以太网。校园网内部运行 RIP，与 ISP 网络间配置静态路由。

实验配置

1. 实验设备

路由器 AR2220 4 台，PC 3 台。

2. 网络拓扑

RIPv2 协议基本配置拓扑结构如图 10-2 所示。R1 和 R-ISP 上需要添加广域网模块 2SA。

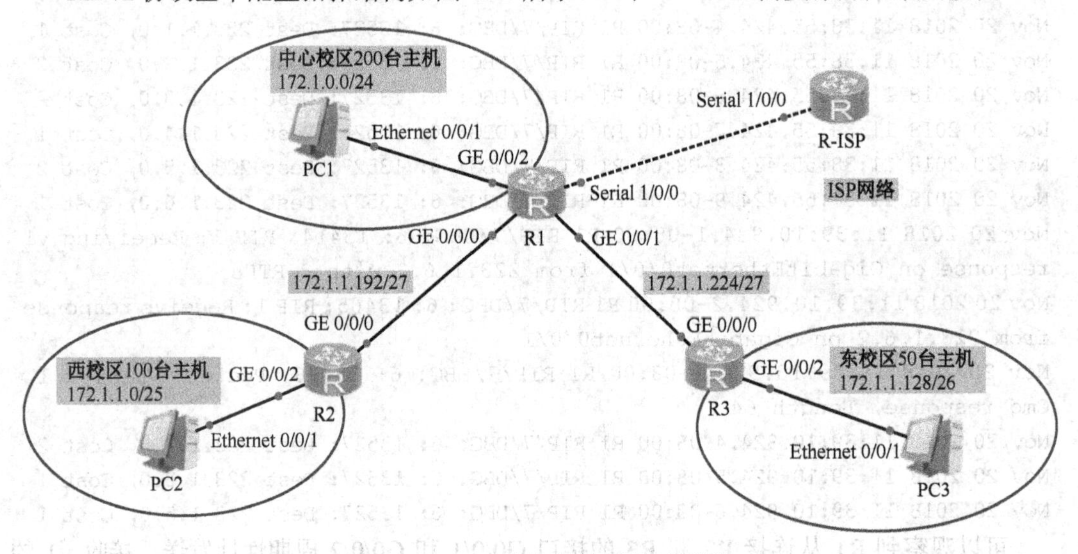

图 10-2 RIPv2 协议基本配置拓扑结构

3. 设备编址

现该校申请到地址块 172.1.0.0/23，总共支持 510 台主机，显然，地址块是够用的，但是，仅仅简单地将整个地址块等分无法满足每个校区的需求，我们将采用可变长度子网掩码 VLSM，将整个地址块划分为不同规模的子网，如表 10-3 所示。

表 10-3 设备编址

子网/掩码	可分配 IP 地址范围	地 址 数	用 途
172.1.0.0/24	172.1.0.1～172.1.0.254	254	中心校区
172.1.1.0/25	172.1.1.1～172.1.1.126	126	西校区
172.1.1.128/26	172.1.1.129～172.1.1.190	62	东校区
172.1.1.192/27	172.1.1.193～172.1.1.222	30	中心校区-西校区链路
172.1.1.224/27	172.1.1.225～172.1.1.254	30	中心校区-东校区链路

设备接口编址如表 10-4 所示。

表 10-4　设备接口编址

设备名称	接口	IP 地址	子网掩码	默认网关
R-ISP（AR2220）	Serial 1/0/0	192.168.1.254	255.255.255.0	—
R1（AR2220）	GE 0/0/0	172.1.1.222	255.255.255.224	—
	GE 0/0/1	172.1.1.254	255.255.255.224	—
	GE 0/0/2	172.1.0.254	255.255.255.0	—
	Serial 1/0/0	192.168.1.1	255.255.255.0	—
R2（AR2220）	GE 0/0/0	172.1.1.193	255.255.255.224	—
	GE 0/0/2	172.1.1.126	255.255.255.128	—
R3（AR2220）	GE 0/0/0	172.1.1.225	255.255.255.224	—
	GE 0/0/2	172.1.1.190	255.255.255.192	—
PC1	Ethernet 0/0/1	172.1.0.1	255.255.255.0	172.1.0.254
PC2	Ethernet 0/0/1	172.1.1.1	255.255.255.128	172.1.1.126
PC3	Ethernet 0/0/1	172.1.1.129	255.255.255.192	172.1.1.190

实验步骤

（1）新建网络拓扑结构。

首先要在 R1 和 R-ISP 路由器的插槽 1 插入广域网模块 2SA（必须先关电源）。

（2）配置好 PC1～PC3、R-ISP、R1～R3 的网络参数。

（3）为路由器 R1 配置 RIPv2。

```
[R1]rip
[R1-rip-1]version 2
[R1-rip-1]network 172.1.0.0
```

（4）参照上一步，配置 R2 和 R3。

（5）查看路由表。

配置完成后，使用 **display ip routing-table protocol rip** 命令查看各路由器的 RIP 路由表。

```
<R1>display ip routing-table protocol rip
Route Flags: R - relay, D - download to fib
------------------------------------------------------------------------------
Public routing table : RIP
         Destinations : 2        Routes : 2
RIP routing table status : <Active>
         Destinations : 2        Routes : 2
Destination/Mask    Proto  Pre  Cost  Flags NextHop         Interface
      172.1.1.0/25  RIP    100   1     D    172.1.1.193 GigabitEthernet0/0/0
    172.1.1.128/26  RIP    100   1     D    172.1.1.225 GigabitEthernet0/0/1
RIP routing table status : <Inactive>
         Destinations : 0        Routes : 0
```

```
<R2>display ip routing-table protocol rip
Route Flags: R - relay, D - download to fib
------------------------------------------------------------------------------
Public routing table : RIP
      Destinations : 3       Routes : 3
RIP routing table status : <Active>
      Destinations : 3       Routes : 3
Destination/Mask   Proto   Pre  Cost Flags NextHop       Interface
     172.1.0.0/24  RIP    100   1     D    172.1.1.222 GigabitEthernet0/0/0
   172.1.1.128/26  RIP    100   2     D    172.1.1.222 GigabitEthernet0/0/0
   172.1.1.224/27  RIP    100   1     D    172.1.1.222 GigabitEthernet0/0/0
RIP routing table status : <Inactive>
      Destinations : 0       Routes : 0

<R3>display ip routing-table protocol rip
Route Flags: R - relay, D - download to fib
------------------------------------------------------------------------------
Public routing table : RIP
      Destinations : 3       Routes : 3
RIP routing table status : <Active>
      Destinations : 3       Routes : 3
Destination/Mask   Proto   Pre  Cost  Flags  NextHop       Interface
    172.1.0.0/24   RIP    100   1      D    172.1.1.254 GigabitEthernet0/0/0
    172.1.1.0/25   RIP    100   2      D    172.1.1.254 GigabitEthernet0/0/0
   172.1.1.192/27  RIP    100   1      D    172.1.1.254 GigabitEthernet0/0/0
RIP routing table status : <Inactive>
      Destinations : 0       Routes : 0
```

可以看到，R1、R2 和 R3 已经通过 RIP 协议学习了 3 个目的网段的路由条目。

（6）测试连通性并查看路由更新情况。

第 1 步：配置完成后，通过 ping 命令检测各主机之间的连通性。通过实验可以发现，PC1、PC2 和 PC3 之间可以连通。

第 2 步：使用 debugging 命令查看 RIPv2 的路由信息更新情况。

```
<R1>debugging rip 1
<R1>terminal debugging
Info: Current terminal debugging is on.
<R1>terminal monitor
Info: Current terminal monitor is on.
Mar 21 2019 11:25:14.42.2-08:00 R1 RIP/7/DBG: 6: 13456: RIP 1: Sending response
on interface GigabitEthernet0/0/0 from 172.1.1.222 to 224.0.0.9
Mar 21 2019 11:25:14.42.3-08:00 R1 RIP/7/DBG: 6: 13476: Packet: Version 2, Cmd
response, Length 104
Mar 21 2019 11:24:57.2.4-08:00 R1 RIP/7/DBG: 6: 13546: Dest 172.1.1.0/25,
Nexthop 0.0.0.0, Cost 1, Tag 0
Mar 21 2019 11:25:14.42.4-08:00 R1 RIP/7/DBG: 6: 13546: Dest 172.1.0.0/24,
Nexthop 0.0.0.0, Cost 1, Tag 0
Mar 21 2019 11:25:14.42.5-08:00 R1 RIP/7/DBG: 6: 13546: Dest 172.1.1.128/26,
```

```
Nexthop 0.0.0.0, Cost 2, Tag 0
Mar 21 2019 11:25:14.42.6-08:00 R1 RIP/7/DBG: 6: 13546: Dest 172.1.1.224/27,
Nexthop 0.0.0.0, Cost 1, Tag 0
```

与 RIPv1 中 debugging 命令的打印结果对比，可以看到 RIPv1 和 RIPv2 之间的差别：RIPv2 的路由信息中携带了子网掩码，以及下一跳 IP 地址。若通告的消息中下一跳 IP 地址为 0.0.0.0，则说明当前通告的地址是最优的下一跳地址。RIPv2 使用组播方式发送报文。

（7）验证主机到 R-ISP 的连通性。

通过实验发现，此时主机和 R-ISP 是无法连通的。这是因为 RIP 协议并没有添加到 R-ISP 网段的路由信息，所以需要向 RIP 网络中注入到 192.168.1.0/24 网段的路由。

（8）向 RIP 网络注入直连路由。

由于 192.168.1.0/24 网段与路由器 R1 直接相连，因此在 R1 上 RIP 网络注入直连路由。

```
[R1]rip
[R1-rip-1]import-route direct
```

此时，再次查看 R2 的路由表，可以发现，路由表中增加了一条到 192.168.1.0/24 网段的表项。

```
<R2>disp ip routing-table pro rip
Route Flags: R - relay, D - download to fib
------------------------------------------------------------------------------
Public routing table : RIP
        Destinations : 5        Routes : 5
RIP routing table status : <Active>
        Destinations : 5        Routes : 5
Destination/Mask   Proto   Pre  Cost  Flags NextHop         Interface
      172.1.0.0/24  RIP     100   1     D    172.1.1.222 GigabitEthernet0/0/0
    172.1.1.128/26  RIP     100   2     D    172.1.1.222 GigabitEthernet0/0/0
    172.1.1.224/27  RIP     100   1     D    172.1.1.222 GigabitEthernet0/0/0
    192.168.1.0/24  RIP     100   1     D    172.1.1.222 GigabitEthernet0/0/0
  192.168.1.254/32  RIP     100   1     D    172.1.1.222 GigabitEthernet0/0/0
RIP routing table status : <Inactive>
        Destinations : 0        Routes : 0
```

同样，在 R3 上也能看到类似的情况。

（9）验证到 192.168.1.0/24 网段的连通情况。

在 PC1～PC3 上通过 ping 命令验证与路由器 R1 的 Serial 1/0/0（192.168.1.1）接口的连通性。可以发现，3 台 PC 都可以 ping 通 R1 的 Serial 1/0/0 接口，但是无法 ping 通 R-ISP 的 Serial 1/0/0（192.168.1.254）接口。

```
PC>ping 192.168.1.1
Ping 192.168.1.1: 32 data bytes, Press Ctrl_C to break
From 192.168.1.1: bytes=32 seq=1 ttl=254 time=47 ms
From 192.168.1.1: bytes=32 seq=2 ttl=254 time=47 ms
From 192.168.1.1: bytes=32 seq=3 ttl=254 time=31 ms
From 192.168.1.1: bytes=32 seq=4 ttl=254 time=109 ms
From 192.168.1.1: bytes=32 seq=5 ttl=254 time=47 ms
--- 192.168.1.1 ping statistics ---
  5 packet(s) transmitted
```

```
  5 packet(s) received
  0.00% packet loss
round-trip min/avg/max = 31/56/109 ms

PC>ping 192.168.1.254
Ping 192.168.1.254: 32 data bytes, Press Ctrl_C to break
Request timeout!
Request timeout!
Request timeout!
Request timeout!
Request timeout!
--- 192.168.1.254 ping statistics ---
  5 packet(s) transmitted
  0 packet(s) received
100.00% packet loss
```

（10）给 R-ISP 配置静态路由。

主机之所以无法 ping 通 R-ISP 的 Serial 1/0/0 接口，是因为 R-ISP 中没有回复消息目的地址对应的表项。因此，需要在 R-ISP 上添加到 172.1.0.0/24 网段的静态路由。

```
[R-ISP]ip route-static 172.1.0.0 255.255.0.0 s1/0/0
```

此时，再次测试 3 台主机到 192.168.1.254 的连通情况，实验发现主机可以与 R-ISP 连通。

```
PC>ping 192.168.1.254
Ping 192.168.1.254: 32 data bytes, Press Ctrl_C to break
From 192.168.1.254: bytes=32 seq=1 ttl=254 time=47 ms
From 192.168.1.254: bytes=32 seq=2 ttl=254 time=31 ms
From 192.168.1.254: bytes=32 seq=3 ttl=254 time=32 ms
From 192.168.1.254: bytes=32 seq=4 ttl=254 time=31 ms
From 192.168.1.254: bytes=32 seq=5 ttl=254 time=31 ms
--- 192.168.1.254 ping statistics ---
  5 packet(s) transmitted
  5 packet(s) received
  0.00% packet loss
  round-trip min/avg/max = 31/34/47 ms
```

实验 11 OSPF 协议配置

一、OSPF 单区域配置

原理描述

OSPF（Open Shortest Path First，开放最短路径优先）协议是基于链路状态算法的内部网关协议，具有收敛快、无环路、扩展性好等优点，是目前因特网中运用广泛的路由协议之一。运行 OSPF 协议的路由器互相通告链路状态信息，每台路由器都将自己的链路状态信息（包含接口的 IP 地址、子网掩码、网络类型以及链路开销等）发送给其他路由器，并在网络内洪泛，当路由器收集到网络内所有链路状态信息之后，以自己为根，运行最短路径算法，得到到达所有网段的最短路径。

OSPF 支持层次路由，可以将网络划分为不同的区域，能够适应各种规模的网络环境。区域用区域号来标识，一个网段只能属于一个区域，每个运行 OSPF 协议的接口必须指明其属于哪个区域。区域 0 为骨干区域，骨干区域负责在非骨干区域之间发布区域间的路由信息。在一个 OSPF 区域中有且仅有一个骨干区域。

实验目的

1. 掌握 OSPF 单区域配置的方法。
2. 掌握查看 OSPF 邻居状态的方法。

实验内容

某公司要用 3 台路由器将位于 3 个区域的设备相互连接起来，3 个路由器各连接一个区域的子网，要求在所有路由器上部署路由协议，使得 3 个子网内主机之间能够正常通信。考虑到公司未来的发展，适应不断扩展的网络需求，公司在所有的路由器上部署 OSPF 协议，且现在所有路由器都属于骨干区域。

实验配置

1. 实验设备

路由器 AR2220 3 台，PC 3 台。

2. 网络拓扑

单区域 OSPF 配置拓扑结构如图 11-1 所示。

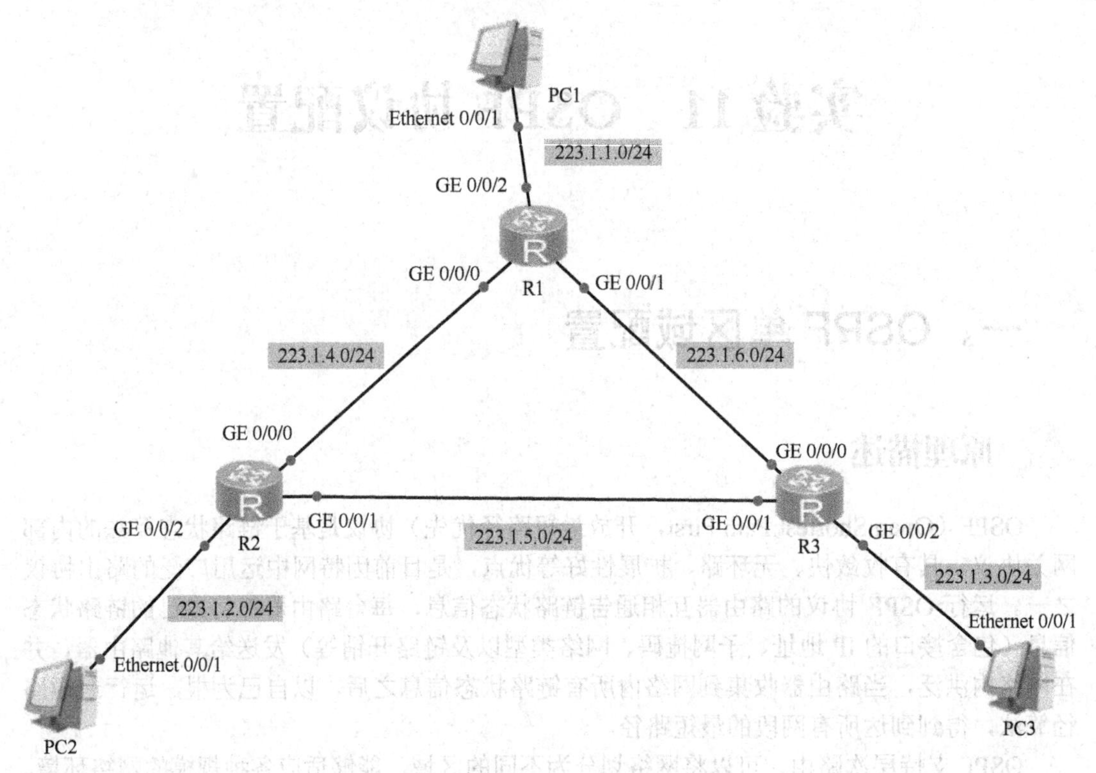

图 11-1　单区域 OSPF 配置拓扑结构

3. 设备编址

设备接口编址如表 11-1 所示。

表 11-1　设备接口编址

设备名称	接　口	IP 地址	子网掩码	默认网关
R1（AR2220）	GE 0/0/0	223.1.4.1	255.255.255.0	—
	GE 0/0/1	223.1.6.1	255.255.255.0	—
	GE 0/0/2	223.1.1.254	255.255.255.0	—
R2（AR2220）	GE 0/0/0	223.1.4.2	255.255.255.0	—
	GE 0/0/1	223.1.5.1	255.255.255.0	—
	GE 0/0/2	223.1.2.254	255.255.255.0	—
R3（AR2220）	GE 0/0/0	223.1.6.2	255.255.255.0	—
	GE 0/0/1	223.1.5.2	255.255.255.0	—
	GE 0/0/2	223.1.3.254	255.255.255.0	—
PC1	Ethernet 0/0/1	223.1.1.1	255.255.255.0	223.1.1.254
PC2	Ethernet 0/0/1	223.1.2.1	255.255.255.0	223.1.2.254
PC3	Ethernet 0/0/1	223.1.3.1	255.255.255.0	223.1.3.254

 实验步骤

（1）新建网络拓扑结构。

（2）配置好 PC1～PC3 的网络参数。

（3）为路由器 R1、R2 和 R3 配置端口 IP 地址。

（4）部署单区域 OSPF 网络。

第 1 步：在路由器 R1 上使用 ospf 命令创建并运行 OSPF。其中，1 是进程号，若没有写明进程号，则默认为 1。使用 area 命令创建区域并进入 OSPF 区域视图。单区域配置使用骨干区域，即区域 0。

```
[R1]ospf 1
[R1-ospf-1]area 0
```

第 2 步：使用 network 命令来指定运行 OSPF 协议的接口和接口所属的区域，network 命令后的两个参数分别为网络号和反掩码。R1 的 3 个接口均需要指定。配置中需注意，尽量精确匹配所通告的网段。

```
[R1-ospf-1-area-0.0.0.0]network 223.1.4.0 0.0.0.255
[R1-ospf-1-area-0.0.0.0]network 223.1.6.0 0.0.0.255
[R1-ospf-1-area-0.0.0.0]network 223.1.1.0 0.0.0.255
```

第 3 步：可以使用 display ospf interface 命令来检查 OSPF 接口通告是否正确。

```
[R1-ospf-1-area-0.0.0.0]display ospf interface
     OSPF Process 1 with Router ID 223.1.4.1
          Interfaces
 Area: 0.0.0.0          (MPLS TE not enabled)
 IP Address      Type        State     Cost    Pri   DR          BDR
   223.1.4.1     Broadcast   Waiting   1       1     0.0.0.0     0.0.0.0
  2 23.1.6.1     Broadcast   Waiting   1       1     0.0.0.0     0.0.0.0
 223.1.1.254     Broadcast   Waiting   1       1     0.0.0.0     0.0.0.0
```

可以观察到，本地 OSPF 进程使用的 Router ID 是 223.1.4.1，在此进程下，有 3 个接口加入 OSPF 进程。接下来，在路由器 R2 和 R3 上做相应配置。

（5）查看 OSPF 的配置结果。

第 1 步：可以使用 display ospf peer 命令查看 OSPF 的邻居状态。

```
<R1>display ospf peer
     OSPF Process 1 with Router ID 223.1.4.1
          Neighbors
 Area 0.0.0.0 interface 223.1.4.1(GigabitEthernet0/0/0)'s neighbors
 Router ID: 223.1.4.2        Address: 223.1.4.2
   State: Full  Mode:Nbr is  Master  Priority: 1
   DR: 223.1.4.1  BDR: 223.1.4.2  MTU: 0
   Dead timer due in 35  sec
   Retrans timer interval: 5
   Neighbor is up for 00:02:09
   Authentication Sequence: [ 0 ]
          Neighbors
 Area 0.0.0.0 interface 223.1.6.1(GigabitEthernet0/0/1)'s neighbors
 Router ID: 223.1.6.2        Address: 223.1.6.2
```

```
State: Full  Mode:Nbr is  Master  Priority: 1
DR: 223.1.6.1  BDR: 223.1.6.2  MTU: 0
Dead timer due in 39  sec
Retrans timer interval: 5
Neighbor is up for 00:00:38
Authentication Sequence: [ 0 ]
```

通过这条命令，可以查看与本路由器连接的邻居的信息，包括邻居路由器的标识（Router ID）、邻居的 OSPF 接口的 IP 地址（Address）、邻居 OSPF 的状态（State），以及邻居 OSPF 接口的优先级（Priority）等。

第 2 步：可以使用 display ip routing-table protocol ospf 命令查看 OSPF 路由表。

```
<R1>display ip routing-table protocol ospf
Route Flags: R - relay, D - download to fib
------------------------------------------------------------------------------
Public routing table : OSPF
      Destinations : 3        Routes : 4
OSPF routing table status : <Active>
      Destinations : 3        Routes : 4
Destination/Mask   Proto  Pre  Cost    Flags NextHop     Interface
223.1.2.0/24  OSPF    10   2      D     223.1.4.2      GigabitEthernet0/0/0
223.1.3.0/24  OSPF    10   2      D     223.1.6.2      GigabitEthernet0/0/1
223.1.5.0/24  OSPF    10   2      D     223.1.4.2      GigabitEthernet0/0/0
OSPF   10   2         D  223.1.6.2       GigabitEthernet0/0/1
OSPF routing table status : <Inactive>
      Destinations : 0        Routes : 0
```

通过此命令可以查看 OSPF 路由表项，显示到达所有目的网段的下一跳 IP 地址、接口、优先级信息，以及所需耗费。最后两条表项说明从路由器 R1 到达目的网络“223.1.5.0/24”有两条路径，度量值都是 2。

（6）测试主机之间的连通性。

在主机 PC1 上测试到达主机 PC2 和 PC3 的连通情况。

```
PC>ping 223.1.2.1
Ping 223.1.2.1: 32 data bytes, Press Ctrl_C to break
From 223.1.2.1: bytes=32 seq=1 ttl=126 time=16 ms
From 223.1.2.1: bytes=32 seq=2 ttl=126 time=31 ms
From 223.1.2.1: bytes=32 seq=3 ttl=126 time=16 ms
From 223.1.2.1: bytes=32 seq=4 ttl=126 time=16 ms
From 223.1.2.1: bytes=32 seq=5 ttl=126 time=15 ms
--- 223.1.2.1 ping statistics ---
  5 packet(s) transmitted
  5 packet(s) received
  0.00% packet loss
  round-trip min/avg/max = 15/18/31 ms

PC>ping 223.1.3.1
Ping 223.1.3.1: 32 data bytes, Press Ctrl_C to break
From 223.1.3.1: bytes=32 seq=1 ttl=126 time=31 ms
From 223.1.3.1: bytes=32 seq=2 ttl=126 time=15 ms
```

```
From 223.1.3.1: bytes=32 seq=3 ttl=126 time=32 ms
From 223.1.3.1: bytes=32 seq=4 ttl=126 time=15 ms
From 223.1.3.1: bytes=32 seq=5 ttl=126 time=16 ms
--- 223.1.3.1 ping statistics ---
  5 packet(s) transmitted
  5 packet(s) received
  0.00% packet loss
  round-trip min/avg/max = 15/21/32 ms
```

可以发现，主机之间的通信正常。

二、OSPF 多区域配置

原理描述

OSPF 协议是基于链路状态算法的路由协议，因此每个路由器都需要收集所有路由器的链路状态信息。当网络规模比较大时，链路状态信息也会随之增多，这将给路由器带来极大的存储和计算负担，也不利于网络管理员维护和管理。OSPF 的层次化路由结构可以很好地解决上述问题。OSPF 协议可以将一个自治系统划分为多个不同的区域，链路状态信息只在区域内广播，而区域之间仅传递路由条目，而不是链路状态信息，大大减少了路由信息的交互开销和减轻了路由器的负担。每个区域内都有一个或多个区域边界路由器，用于传递区域间的路由信息。为了避免区域间产生环路，所有非骨干区域均要连接到骨干区域，通过骨干区域转发路由信息，非骨干区域之间不能直接进行路由信息的交互。

实验目的

1. 掌握 OSPF 多区域配置的方法。
2. 理解 OSPF 区域边界路由器的工作特点。

实验内容

某企业网络具有两台核心区域路由器，属于区域 0。下属两个机构，分别用 2 台网关设备接连到核心区域路由器，两个机构中各有 1 台主机。使用多区域方案对企业网络进行路由配置，将两个机构运行在不同的 OSPF 区域中。

实验配置

1. 实验设备

路由器 AR2220 4 台，PC 2 台。

2. 网络拓扑

多区域 OSPF 配置拓扑结构如图 11-2 所示。

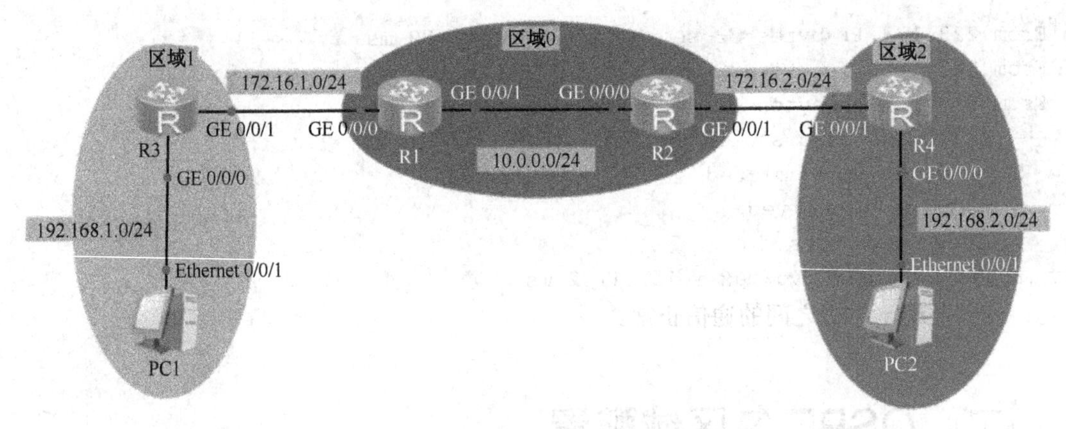

图 11-2　多区域 OSPF 配置拓扑结构

3．设备编址

设备接口编址如表 11-2 所示。

表 11-2　设备接口编址

设备名称	接　口	IP 地址	子网掩码	默认网关
R1	GE 0/0/0	172.16.1.2	255.255.255.0	—
（AR2220）	GE 0/0/1	10.0.0.1	255.255.255.0	—
R2	GE 0/0/0	10.0.0.2	255.255.255.0	—
（AR2220）	GE 0/0/1	172.16.2.2	255.255.255.0	—
R3	GE 0/0/0	192.168.1.254	255.255.255.0	—
（AR2220）	GE 0/0/1	172.16.1.1	255.255.255.0	—
R4	GE 0/0/0	192.168.2.254	255.255.255.0	—
（AR2220）	GE 0/0/1	172.16.2.1	255.255.255.0	—
PC1	Ethernet 0/0/1	192.168.1.1	255.255.255.0	192.168.1.254
PC2	Ethernet 0/0/1	192.168.2.1	255.255.255.0	192.168.2.254

实验步骤

（1）新建网络拓扑结构。

（2）配置好 PC1 和 PC2 的网络参数。

（3）为路由器 R1～R4 配置端口 IP 地址。

（4）配置骨干区域路由器。

在核心区域路由器 R1 和 R2 上创建 OSPF 进程，并配置核心区域路由器为骨干区域，在骨干区域通告核心路由器各网段。

```
[R1]ospf 1
[R1-ospf-1]area 0
[R1-ospf-1-area-0.0.0.0]network 10.0.0.0 0.0.0.255

[R2]ospf 1
[R2-ospf-1]area 0
[R2-ospf-1-area-0.0.0.0]network 10.0.0.0 0.0.0.255
```

（5）配置非骨干区域路由器。

第 1 步：在机构 1 的路由器 R3 上创建 OSPF 进程，建立区域 1，并通告区域 1 的相应网段。

```
[R3]ospf 1
[R3-ospf-1]area 1
[R3-ospf-1-area-0.0.0.1]network 192.168.1.0 0.0.0.255
[R3-ospf-1-area-0.0.0.1]network 172.16.1.0 0.0.0.255
```

第 2 步：在 R1 上也创建区域 1，并将其与 R3 相连的接口进行通告。

```
[R1]ospf 1
[R1-ospf-1]area 1
[R1-ospf-1-area-0.0.0.1]network 172.16.1.0 0.0.0.255
```

第 3 步：配置完成后，在 R3 上查看 OSPF 的邻居状态。

```
[R3]display ospf peer
     OSPF Process 1 with Router ID 192.168.1.254
         Neighbors
 Area 0.0.0.1 interface 172.16.1.1(GigabitEthernet0/0/1)'s neighbors
 Router ID: 172.16.1.2      Address: 172.16.1.2
   State: Full  Mode:Nbr is  Slave  Priority: 1
   DR: 172.16.1.1  BDR: 172.16.1.2  MTU: 0
   Dead timer due in 35  sec
   Retrans timer interval: 5
   Neighbor is up for 00:01:03
Authentication Sequence: [ 0 ]
```

可以看到，R1 和 R3 的邻居关系建立正常，都为 Full 状态。

第 4 步：使用 display ip routing-table protocol ospf 命令查看 R3 路由表中的 OSPF 路由条目。

```
[R3]display ip routing-table protocol ospf
Route Flags: R - relay, D - download to fib
------------------------------------------------------------------------------
Public routing table : OSPF
        Destinations : 1        Routes : 1
OSPF routing table status : <Active>
        Destinations : 1        Routes : 1
Destination/Mask  Proto  Pre  Cost  Flags NextHop       Interface
     10.0.0.0/24  OSPF   10   2     D     172.16.1.2   GigabitEthernet0/0/1
OSPF routing table status : <Inactive>
        Destinations : 0        Routes : 0
```

可以看到，除了区域 2 内的路由，都已经获得了相关的 OSPF 路由条目。R1 和 R3 为连接两个不同区域的路由器，它们被称为区域边界路由器。

（6）在路由器 R4 和 R2 上做类似配置。

配置完成后，查看 R4 的路由条目。

```
[R4-ospf-1-area-0.0.0.2]display ip routing-table protocol ospf
Route Flags: R - relay, D - download to fib
------------------------------------------------------------------------------
Public routing table : OSPF
```

```
   Destinations : 3        Routes : 3
OSPF routing table status : <Active>
   Destinations : 3        Routes : 3
Destination/Mask Proto Pre Cost Flags  NextHop        Interface
   10.0.0.0/24   OSPF  10   2    D      172.16.2.2     GigabitEthernet0/0/1
 172.16.1.0/24   OSPF  10   3    D      172.16.2.2     GigabitEthernet0/0/1
192.168.1.0/24   OSPF  10   4    D      172.16.2.2     GigabitEthernet0/0/1
OSPF routing table status : <Inactive>
        Destinations : 0        Routes : 0
```

可以看到，路由器 R4 可以正常接收到所有的 OSPF 路由信息。

（7）测试区域 1 中的主机 PC1 和区域 2 中的主机 PC2 之间的连通性。

```
PC>ping 192.168.2.1
Ping 192.168.2.1: 32 data bytes, Press Ctrl_C to break
From 192.168.2.1: bytes=32 seq=1 ttl=124 time=31 ms
From 192.168.2.1: bytes=32 seq=2 ttl=124 time=31 ms
From 192.168.2.1: bytes=32 seq=3 ttl=124 time=47 ms
From 192.168.2.1: bytes=32 seq=4 ttl=124 time=31 ms
From 192.168.2.1: bytes=32 seq=5 ttl=124 time=47 ms
--- 192.168.2.1 ping statistics ---
  5 packet(s) transmitted
  5 packet(s) received
  0.00% packet loss
  round-trip min/avg/max = 31/37/47 ms
```

可以看到，不同 OSPF 区域内的主机通信正常。

实验 12 路由重分布

原理描述

在大型网络的组建过程中，隶属不同机构的网络部分往往会根据自身的实际情况来选用路由协议。例如，有些网络规模很小，为了管理简单，部署了 RIP；而有些网络很复杂，可以部署 OSPF。不同路由协议之间不能直接共享各自的路由信息，因此这些不同机构的网络在完成物理线路连接之后，必须配置路由引入来完成不同路由选择协议之间路由信息的交换，以保证全网内所有的主机都能根据路由将分组发送到正确的目的主机，这个操作称为路由重分布。

获得路由信息一般有 3 种途径：直连网段、静态配置和路由协议。可以将通过这 3 种途径获得的路由信息引入路由协议中。

实验目的

掌握路由重分布的配置方法。

实验内容

本实验模拟 3 家公司互连的场景。路由器 R1 连接了 3 家公司，其中公司 A 内部运行 RIP 协议，公司 B 内部运行 OSPF 协议，公司 C 通过默认路由连接到 R1。由于业务发展需要，3 家公司需要能够互相通信。同时，R1 通过直连线路连接外部主机 PC3，PC3 需要能够跟 3 家公司的所有主机通信。

实验配置

1. 实验设备

路由器 AR1220 5 台，其中 R1 上添加 4GEW-T 模块，PC 4 台。

2. 网络拓扑

路由重分布拓扑结构如图 12-1 所示。

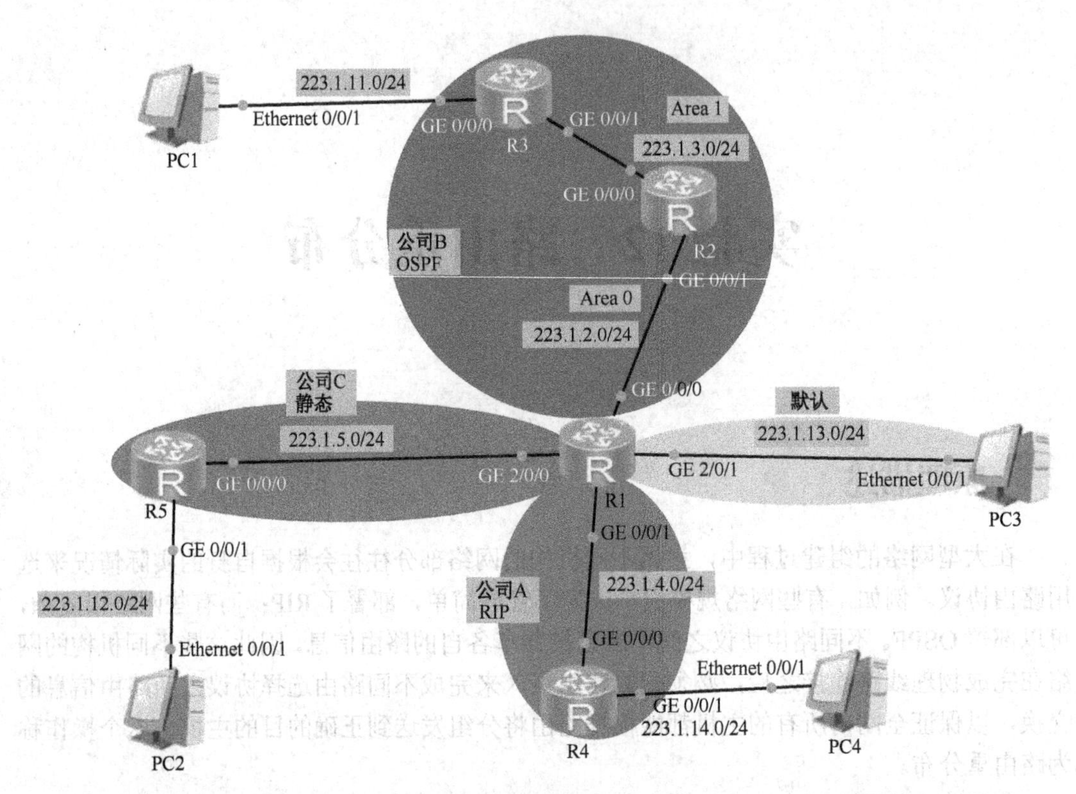

图 12-1　路由重分布拓扑结构

3. 设备编址

设备接口编址如表 12-1 所示。

表 12-1　设备接口编址

设备名称	接　口	IP 地址	子网掩码	默认网关
R1（AR1220）	GE 0/0/0	223.1.2.1	255.255.255.0	—
	GE 0/0/1	223.1.4.1	255.255.255.0	—
	GE 2/0/0	223.1.5.1	255.255.255.0	—
	GE 2/0/1	223.1.13.254	255.255.255.0	—
R2（AR1220）	GE 0/0/0	223.1.3.1	255.255.255.0	—
	GE 0/0/1	223.1.2.2	255.255.255.0	—
R3（AR1220）	GE 0/0/0	223.1.11.254	255.255.255.0	—
	GE 0/0/1	223.1.3.2	255.255.255.0	—
R4（AR1220）	GE 0/0/0	223.1.4.2	255.255.255.0	—
	GE 0/0/1	223.1.14.254	255.255.255.0	—
R5（AR1220）	GE 0/0/0	223.1.5.2	255.255.255.0	—
	GE 0/0/1	223.1.12.254	255.255.255.0	—
PC1	Ethernet 0/0/1	223.1.11.1	255.255.255.0	223.1.11.254
PC2	Ethernet 0/0/1	223.1.12.1	255.255.255.0	223.1.12.254
PC3	Ethernet 0/0/1	223.1.13.1	255.255.255.0	223.1.13.254
PC4	Ethernet 0/0/1	223.1.14.1	255.255.255.0	223.1.14.254

实验步骤

（1）新建网络拓扑结构。

（2）配置好 PC1～PC4 的网络参数。

（3）为路由器 R1～R5 配置端口 IP 地址。

（4）搭建 RIP 和 OSPF 网络。

第 1 步：在 R1 和 R4 上配置 RIP 协议。

根据图 12-1 所示的拓扑配置路由协议，公司 A 内部运行 RIP 协议。在 R1 和 R4 上配置 RIP，进程号为 1，启用 RIP v2 版本，通告各自接口所在网段，R1 在 RIP 中仅通告 GE 0/0/1 接口所在网段。

```
[R1]rip 1
[R1-rip-1]version 2
[R1-rip-1]network 223.1.4.0

[R4]rip 1
[R4-rip-1]version 2
[R4-rip-1]network 223.1.4.0
[R4-rip-1]network 223.1.14.0
```

第 2 步：验证 RIP 网络的连通情况。

通过 PC4 和 R1 之间的连通情况验证自治系统内部的 RIP 协议配置，经过验证，主机 PC4 和 R1 之间可以互相 ping 通。

第 3 步：在 R1～R3 上配置 OSPF 协议。

公司 B 内部运行 OSPF 协议。在 R1、R2 和 R3 上配置 OSPF 协议，使用进程号 1，R1 和 R2 所在的 223.1.2.0/24 网段属于区域 0，R2 和 R3 所在的 223.1.3.0/24 网段属于区域 1，R1 在 OSPF 中仅通告 GE 0/0/0 接口所在网段。

```
[R1]ospf 1
[R1-ospf-1]area 0
[R1-ospf-1-area-0.0.0.0]network 223.1.2.0 0.0.0.255

[R2]ospf 1
[R2-ospf-1]area 0
[R2-ospf-1-area-0.0.0.0]network 223.1.2.0 0.0.0.255
[R2-ospf-1-area-0.0.0.0]area 1
[R2-ospf-1-area-0.0.0.1]network 223.1.3.0 0.0.0.255

[R3]ospf 1
[R3-ospf-1]area 1
[R3-ospf-1-area-0.0.0.1]network 223.1.3.0 0.0.0.255
[R3-ospf-1-area-0.0.0.1]network 223.1.11.0 0.0.0.255
```

第 4 步：验证 OSPF 网络的连通情况。

通过 PC1 和 R1 之间的连通情况验证 OSPF 协议配置，经过验证，主机 PC1 和 R1 之间可以互相 ping 通。

（5）配置静态路由和默认路由。

第 1 步：在 R5 上配置默认路由。

```
[R5]ip route-static  0.0.0.0 0.0.0.0 223.1.5.1
```

第 2 步：在 R1 上配置静态路由。

```
[R1]ip route-static 223.1.12.0 255.255.255.0 223.1.5.2
```

配置完成后，查看 R1 的路由表。

```
[R1]display ip routing-table
Route Flags: R - relay, D - download to fib
------------------------------------------------------------------------------
Routing Tables: Public
      Destinations : 20       Routes : 20

Destination/Mask    Proto  Pre  Cost Flags   NextHop       Interface
      127.0.0.0/8  Direct  0    0     D     127.0.0.1      InLoopBack0
     127.0.0.1/32  Direct  0    0     D     127.0.0.1      InLoopBack0
127.255.255.255/32 Direct  0    0     D     127.0.0.1      InLoopBack0
     223.1.2.0/24  Direct  0    0     D     223.1.2.1      GigabitEthernet0/0/0
     223.1.2.1/32  Direct  0    0     D     127.0.0.1      GigabitEthernet0/0/0
   223.1.2.255/32  Direct  0    0     D     127.0.0.1      GigabitEthernet0/0/0
     223.1.3.0/24  OSPF    10   2     D     223.1.2.2      GigabitEthernet0/0/0
     223.1.4.0/24  Direct  0    0     D     223.1.4.1      GigabitEthernet0/0/1
     223.1.4.1/32  Direct  0    0     D     127.0.0.1      GigabitEthernet0/0/1
   223.1.4.255/32  Direct  0    0     D     127.0.0.1      GigabitEthernet0/0/1
     223.1.5.0/24  Direct  0    0     D     223.1.5.1      GigabitEthernet2/0/0
     223.1.5.1/32  Direct  0    0     D     127.0.0.1      GigabitEthernet2/0/0
   223.1.5.255/32  Direct  0    0     D     127.0.0.1      GigabitEthernet2/0/0
    223.1.11.0/24  OSPF    10   3     D     223.1.2.2      GigabitEthernet0/0/0
    223.1.12.0/24  Static  60   0     RD    223.1.5.2      GigabitEthernet2/0/0
    223.1.13.0/24  Direct  0    0     D     223.1.13.254 GigabitEthernet2/0/1
  223.1.13.254/32  Direct  0    0     D     127.0.0.1      GigabitEthernet2/0/1
  223.1.13.255/32  Direct  0    0     D     127.0.0.1      GigabitEthernet2/0/1
    223.1.14.0/24  RIP     100  1     D     223.1.4.2      GigabitEthernet0/0/1
255.255.255.255/32 Direct  0    0     D     127.0.0.1      InLoopBack0
```

由于 R1 上同时运行了 RIP 协议和 OSPF 协议，并配置了静态路由，可以观察到 R1 同时拥有公司 A、公司 B 和公司 C 的路由信息。

（6）配置路由重分布。

为了保证公司间的互相通信，需要在一种路由协议中引入其他路由协议的路由信息。这里有两种方式：一种是配置路由引入；另一种是发布默认路由。下面分别介绍这两种配置方式的作用和配置方法。

① 配置路由引入。为了使 3 个公司网络能够互相访问，并保证主机 PC3 能够访问 3 个公司网络，需要把公司 A 的 RIP 协议的路由、公司 C 的静态路由以及主机 PC3 的直连路由引入公司 B 的 OSPF 中，同样，把公司 B 的 OSPF 协议的路由、公司 C 的静态路由以及主机 PC3 的直连路由引入公司 A 的 RIP 协议中。

第 1 步：在 R1 的 OSPF 进程中使用 import-route rip 命令引入 RIP 路由，通过 import-route direct 命令引入直连路由，通过 import-route static 命令引入静态路由。

```
[R1]ospf 1
[R1-ospf-1]import-route rip 1
[R1-ospf-1]import-route direct
[R1-ospf-1]import-route static
```

配置完成之后，查看 R2 和 R3 的路由表。

```
<R2> display ip routing-table
Route Flags: R - relay, D - download to fib
------------------------------------------------------------------------------
Routing Tables: Public
         Destinations : 16       Routes : 16

Destination/Mask    Proto   Pre  Cost Flags  NextHop       Interface

      127.0.0.0/8     Direct   0    0    D    127.0.0.1    InLoopBack0
       127.0.0.1/32   Direct   0    0    D    127.0.0.1    InLoopBack0
127.255.255.255/32    Direct   0    0    D    127.0.0.1    InLoopBack0
       223.1.2.0/24   Direct   0    0    D    223.1.2.2    GigabitEthernet0/0/1
       223.1.2.2/32   Direct   0    0    D    127.0.0.1    GigabitEthernet0/0/1
     223.1.2.255/32   Direct   0    0    D    127.0.0.1    GigabitEthernet0/0/1
       223.1.3.0/24   Direct   0    0    D    223.1.3.1    GigabitEthernet0/0/0
       223.1.3.1/32   Direct   0    0    D    127.0.0.1    GigabitEthernet0/0/0
     223.1.3.255/32   Direct   0    0    D    127.0.0.1    GigabitEthernet0/0/0
       223.1.4.0/24   O_ASE    150  1    D    223.1.2.1    GigabitEthernet0/0/1
       223.1.5.0/24   O_ASE    150  1    D    223.1.2.1    GigabitEthernet0/0/1
      223.1.11.0/24   OSPF     10   2    D    223.1.3.2    GigabitEthernet0/0/0
      223.1.12.0/24   O_ASE    150  1    D    223.1.2.1    GigabitEthernet0/0/1
      223.1.13.0/24   O_ASE    150  1    D    223.1.2.1    GigabitEthernet0/0/1
      223.1.14.0/24   O_ASE    150  1    D    223.1.2.1    GigabitEthernet0/0/1
255.255.255.255/32    Direct   0    0    D    127.0.0.1    InLoopBack0

<R3>display ip routing-table
Route Flags: R - relay, D - download to fib
------------------------------------------------------------------------------
Routing Tables: Public
         Destinations : 16       Routes : 16

Destination/Mask    Proto   Pre  Cost Flags NextHop       Interface

        127.0.0.0/8 Direct  0    0     D    127.0.0.1    InLoopBack0
       127.0.0.1/32 Direct  0    0     D    127.0.0.1    InLoopBack0
127.255.255.255/32 Direct  0    0     D    127.0.0.1    InLoopBack0
       223.1.2.0/24 OSPF    10   2     D    223.1.3.1    GigabitEthernet0/0/1
       223.1.3.0/24 Direct  0    0     D    223.1.3.2    GigabitEthernet0/0/1
       223.1.3.2/32 Direct  0    0     D    127.0.0.1    GigabitEthernet0/0/1
     223.1.3.255/32 Direct  0    0     D    127.0.0.1    GigabitEthernet0/0/1
       223.1.4.0/24 O_ASE   150  1     D    223.1.3.1    GigabitEthernet0/0/1
       223.1.5.0/24 O_ASE   150  1     D    223.1.3.1    GigabitEthernet0/0/1
```

```
    223.1.11.0/24 Direct  0    0    D   223.1.11.254GigabitEthernet0/0/0
  223.1.11.254/32 Direct  0    0    D   127.0.0.1   GigabitEthernet0/0/0
  223.1.11.255/32 Direct  0    0    D   127.0.0.1   GigabitEthernet0/0/0
    223.1.12.0/24 O_ASE   150  1    D   223.1.3.1   GigabitEthernet0/0/1
    223.1.13.0/24 O_ASE   150  1    D   223.1.3.1   GigabitEthernet0/0/1
    223.1.14.0/24 O_ASE   150  1    D   223.1.3.1   GigabitEthernet0/0/1
255.255.255.255/32 Direct 0    0    D   127.0.0.1   InLoopBack0
```

可以看到，R2 和 R3 上现在拥有来自公司 A、公司 C 和主机 PC3 的路由信息。

在 R1 的 RIP 进程中使用 import-route ospf 命令引入 OSPF 路由，通过 import-route direct 命令引入直连路由，通过 import-route static 命令引入静态路由。

```
[R1]rip 1
[R1-rip-1]import-route ospf 1
[R1-rip-1]import-route direct
[R1-rip-1]import-route static
```

配置完成后，查看 R4 的路由表。

```
<R4>display ip routing-table
Route Flags: R - relay, D - download to fib
------------------------------------------------------------------------------
Routing Tables: Public
      Destinations : 16      Routes : 16

Destination/Mask    Proto    Pre  Cost Flags NextHop      Interface

      127.0.0.0/8    Direct   0    0    D   127.0.0.1    InLoopBack0
      127.0.0.1/32   Direct   0    0    D   127.0.0.1    InLoopBack0
127.255.255.255/32   Direct   0    0    D   127.0.0.1    InLoopBack0
      223.1.2.0/24   RIP      100  1    D   223.1.4.1    GigabitEthernet0/0/0
      223.1.3.0/24   RIP      100  1    D   223.1.4.1    GigabitEthernet0/0/0
      223.1.4.0/24   Direct   0    0    D   223.1.4.2    GigabitEthernet0/0/0
      223.1.4.2/32   Direct   0    0    D   127.0.0.1    GigabitEthernet0/0/0
    223.1.4.255/32   Direct   0    0    D   127.0.0.1    GigabitEthernet0/0/0
      223.1.5.0/24   RIP      100  1    D   223.1.4.1    GigabitEthernet0/0/0
     223.1.11.0/24   RIP      100  1    D   223.1.4.1    GigabitEthernet0/0/0
     223.1.12.0/24   RIP      100  1    D   223.1.4.1    GigabitEthernet0/0/0
     223.1.13.0/24   RIP      100  1    D   223.1.4.1    GigabitEthernet0/0/0
     223.1.14.0/24   Direct   0    0    D   223.1.14.254GigabitEthernet0/0/1
   223.1.14.254/32   Direct   0    0    D   127.0.0.1    GigabitEthernet0/0/1
   223.1.14.255/32   Direct   0    0    D   127.0.0.1    GigabitEthernet0/0/1
255.255.255.255/32   Direct   0    0    D   127.0.0.1
```

可以看到，R4 上现在拥有来自公司 A、公司 C 和主机 PC3 的路由信息，且路由的开销值默认都为 1。

当配置路由引入后可以获得对方网络的路由信息，但是在各自的路由表中，开销都为默认值 1。为了能够反映真实的网络拓扑情况，更好地进行路由控制，网络管理员在将 OSPF 引入 RIP 时需要手动配置路由开销值。例如，在 R1 的 RIP 进程中使用 import-route ospf 1 cost 3 命令修改开销值为3。

```
[R1]rip 1
[R1-rip-1]import-route ospf 1 cost 3
```

配置完成后，在R4上查看路由开销值的变化情况。

```
[R4]display ip routing-table
Route Flags: R - relay, D - download to fib
------------------------------------------------------------------------------
Routing Tables: Public
         Destinations : 16       Routes : 16

Destination/Mask    Proto   Pre  Cost  Flags  NextHop         Interface


        127.0.0.0/8 Direct  0     0     D   127.0.0.1       InLoopBack0
       127.0.0.1/32 Direct  0     0     D   127.0.0.1       InLoopBack0
127.255.255.255/32 Direct  0     0     D   127.0.0.1       InLoopBack0
       223.1.2.0/24 RIP     100   1     D   223.1.4.1       GigabitEthernet0/0/0
       223.1.3.0/24 RIP     100   4     D   223.1.4.1       GigabitEthernet0/0/0
       223.1.4.0/24 Direct  0     0     D   223.1.4.2       GigabitEthernet0/0/0
       223.1.4.2/32 Direct  0     0     D   127.0.0.1       GigabitEthernet0/0/0
     223.1.4.255/32 Direct  0     0     D   127.0.0.1       GigabitEthernet0/0/0
       223.1.5.0/24 RIP     100   1     D   223.1.4.1       GigabitEthernet0/0/0
      223.1.11.0/24 RIP     100   4     D   223.1.4.1       GigabitEthernet0/0/0
      223.1.12.0/24 RIP     100   1     D   223.1.4.1       GigabitEthernet0/0/0
      223.1.13.0/24 RIP     100   1     D   223.1.4.1       GigabitEthernet0/0/0
      223.1.14.0/24 Direct  0     0     D   223.1.14.254    GigabitEthernet0/0/1
    223.1.14.254/32 Direct  0     0     D   127.0.0.1       GigabitEthernet0/0/1
    223.1.14.255/32 Direct  0     0     D   127.0.0.1       GigabitEthernet0/0/1
255.255.255.255/32 Direct  0     0     D   127.0.0.1
```

可以观察到，在R4路由器中两条路由的Cost值已经变为4，这是因为还加上了R4接口上的Cost值1。

② 使用RIP和OSPF发布默认路由。使用路由引入方式可以获得其他路由协议的路由信息，但是也会让其他机构知晓本网络内部的网络构成。实际中很多情况下，为了保证自身网络的私密性，双方并不愿意让对方知道自己网络的明细路由，而又想能够互相通信。这种情况下需要配置路由协议以自动发布默认路由的方式来完成此需求。

公司A需要能够访问公司B的网络，而公司B为了保护自身网络的私密性，不希望公司A获知自身内部网络的明细路由，这时可以在R1的RIP协议进程中发布默认路由，使公司A能在没有公司B的明细路由的情况下访问公司B的网络。

在R1的RIP进程中，使用default-route originate命令发布默认路由。

```
[R1]rip 1
[R1-rip-1]default-route originate
```

配置完成后，在R4上查看路由表。

```
<R4>display ip routing-table
Route Flags: R - relay, D - download to fib
------------------------------------------------------------------------------
Routing Tables: Public
```

```
      Destinations : 11       Routes : 11

Destination/Mask    Proto   Pre  Cost Flags NextHop        Interface

        0.0.0.0/0 RIP     100  1     D   223.1.4.1      GigabitEthernet0/0/0
      127.0.0.0/8 Direct  0    0     D   127.0.0.1      InLoopBack0
     127.0.0.1/32 Direct  0    0     D   127.0.0.1      InLoopBack0
127.255.255.255/32 Direct  0    0     D   127.0.0.1      InLoopBack0
     223.1.4.0/24 Direct  0    0     D   223.1.4.2      GigabitEthernet0/0/0
     223.1.4.2/32 Direct  0    0     D   127.0.0.1      GigabitEthernet0/0/0
   223.1.4.255/32 Direct  0    0     D   127.0.0.1      GigabitEthernet0/0/0
    223.1.14.0/24 Direct  0    0     D   223.1.14.254   GigabitEthernet0/0/1
  223.1.14.254/32 Direct  0    0     D   127.0.0.1      GigabitEthernet0/0/1
  223.1.14.255/32 Direct  0    0     D   127.0.0.1      GigabitEthernet0/0/1
255.255.255.255/32 Direct  0    0     D   127.0.0.1      InLoopBack0
```

可以观察到 R4 上有一条从 RIP 协议获取来的默认路由，通过这条默认路由，公司 A 可以访问公司 B 的网络。

为了能够实现双向通信，公司 B 也需要访问公司 A 的网络，而公司 A 同样为了保护自身网络私密性，不希望公司 B 获知自身内部网络的明细路由。这时可以在 R1 的 OSPF 协议进程中发布默认路由，使公司 B 能够在没有公司 A 的明细路由的情况下访问公司 A 的网络。

在 R1 的 OSPF 进程中，使用 default-route-advertise always 命令发布默认路由。

```
[R1]ospf 1
[R1-ospf-1]default-route-advertise always
```

配置完成后，在 R2 和 R3 上查看路由表。

```
<R2>display ip routing-table
Route Flags: R - relay, D - download to fib
------------------------------------------------------------------------------
Routing Tables: Public
      Destinations : 12       Routes : 12

Destination/Mask    Proto   Pre  Cost      Flags NextHop        Interface

        0.0.0.0/0 O_ASE   150  1         D   223.1.2.1      GigabitEthernet0/0/1
      127.0.0.0/8 Direct  0    0         D   127.0.0.1      InLoopBack0
     127.0.0.1/32 Direct  0    0         D   127.0.0.1      InLoopBack0
127.255.255.255/32 Direct  0    0         D   127.0.0.1      InLoopBack0
     223.1.2.0/24 Direct  0    0         D   223.1.2.2      GigabitEthernet0/0/1
     223.1.2.2/32 Direct  0    0         D   127.0.0.1      GigabitEthernet0/0/1
   223.1.2.255/32 Direct  0    0         D   127.0.0.1      GigabitEthernet0/0/1
     223.1.3.0/24 Direct  0    0         D   223.1.3.1      GigabitEthernet0/0/0
     223.1.3.1/32 Direct  0    0         D   127.0.0.1      GigabitEthernet0/0/0
   223.1.3.255/32 Direct  0    0         D   127.0.0.1      GigabitEthernet0/0/0
    223.1.11.0/24 OSPF    10   2         D   223.1.3.2      GigabitEthernet0/0/0
255.255.255.255/32 Direc   0    0         D   127.0.0.1      InLoopBack0
```

```
<R3>display ip routing-table
Route Flags: R - relay, D - download to fib
------------------------------------------------------------------------------
Routing Tables: Public
         Destinations : 12       Routes : 12

Destination/Mask    Proto   Pre  Cost Flags NextHop         Interface

        0.0.0.0/0 O_ASE   150  1      D    223.1.3.1      GigabitEthernet0/0/1
      127.0.0.0/8 Direct  0    0      D    127.0.0.1      InLoopBack0
     127.0.0.1/32 Direct  0    0      D    127.0.0.1      InLoopBack0
127.255.255.255/32 Direct  0    0      D    127.0.0.1      InLoopBack0
     223.1.2.0/24 OSPF    10   2      D    223.1.3.1      GigabitEthernet0/0/1
     223.1.3.0/24 Direct  0    0      D    223.1.3.2      GigabitEthernet0/0/1
     223.1.3.2/32 Direct  0    0      D    127.0.0.1      GigabitEthernet0/0/1
   223.1.3.255/32 Direct  0    0      D    127.0.0.1      GigabitEthernet0/0/1
    223.1.11.0/24 Direct  0    0      D    223.1.11.254GigabitEthernet0/0/0
  223.1.11.254/32 Direct  0    0      D    127.0.0.1      GigabitEthernet0/0/0
  223.1.11.255/32 Direct  0    0      D    127.0.0.1      GigabitEthernet0/0/0
255.255.255.255/32 Direct  0    0      D    127.0.0.1      InLoopBack0
```

可以看到，R2 和 R3 上有一条通过 OSPF 协议获得的默认路由，公司 B 可以访问公司 A 的网络。

（7）验证各公司 PC 之间的连通性。

在 PC1、PC2、PC3、PC4 上测试主机之间是否能够 ping 通，通过观察可以看到主机之间均可以直接通信。

实验 13 BGP 协议配置

一、简单拓扑 BGP 配置

原理描述

BGP（Border Gateway Protocol，边界网关协议）是一种用于自治系统间的动态路由协议，用于在自治系统（AS）之间传递路由信息。BGP 是一种路径向量路由协议，从设计上避免了环路的发生，支持 CIDR 和路由聚合。

在 BGP 中大致可分为两种邻居关系：IBGP 邻居和 EBGP 邻居。

IBGP：同一个 AS 内部的 BGP 邻居关系，IBGP 邻居通常是指运行 BGP 协议的对等体两端均在同一个 AS 域内，属于同一个 BGP AS 内部。

EBGP：AS 之间的 BGP 邻居关系，EBGP 邻居通常是指运行 BGP 协议的对等体两端分别在不同的 AS 内。

BGP 邻居的 AS 号和本端的 AS 号相同就是 IBGP（邻居），不同就是 EBGP（邻居）。

通告 BGP 路由的方法：BGP 路由是通过 BGP 命令通告而成的，而通告 BGP 路由的方法有两种——network 和 Import。

（1）network 方式。使用 network 命令可以将当前设备路由表中的路由（非 BGP）发布到 BGP 路由表中并通告给邻居，和 OSPF 中使用 network 命令的方式大同小异，只不过在 BGP 宣告时，只需要宣告“网段+掩码数”即可，如 network 12.12.0.0 16。

（2）Import 方式。使用 Import 命令可以将该路由器学到的路由信息重分发到 BGP 路由表中，是 BGP 宣告路由的一种方式，可以引入 BGP 的路由包括直连路由、静态路由及动态路由协议学到的路由。其命令格式与在 RIP 中重分发 OSPF 差不多。

实验目的

1. 掌握 BGP 协议的工作原理。
2. 掌握 BGP 协议的基本配置方法。

实验内容

公司 A 网络由 2 台路由器连接，内部运行 RIP 路由协议。公司 B 网络由 3 台路由器连接，内部运行 OSPF 协议。由于业务发展需要，两家公司需要能够互相通信，需要在路由器上配置 BGP 协议实现两家公司设备之间的互通。

实验配置

1．实验设备

路由器 AR2220 5 台，PC 4 台。

2．网络拓扑

BGP 配置拓扑结构如图 13-1 所示。

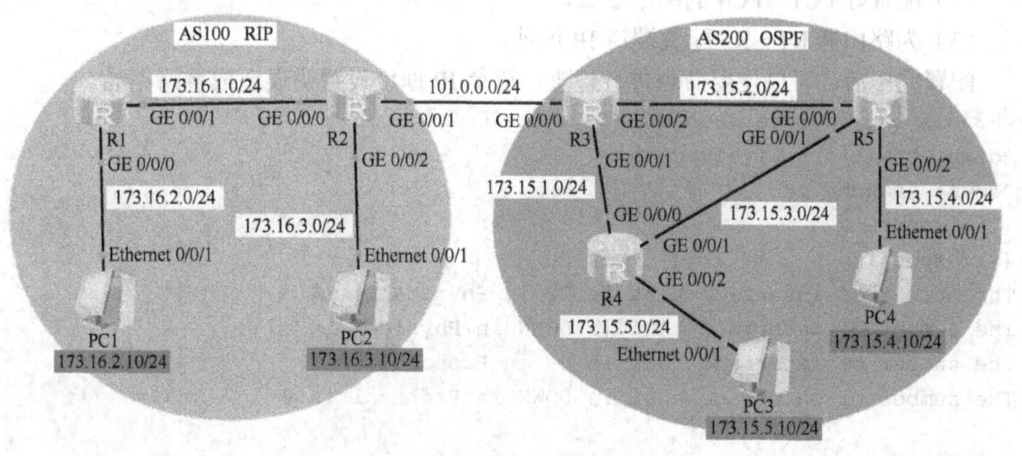

图 13-1　BGP 配置拓扑结构（1）

3．设备编址

设备接口编址如表 13-1 所示。

表 13-1　设备接口编址

设备名称	接口	IP 地址	子网掩码	默认网关
R1（AR2220）	GE 0/0/1	173.16.1.1	255.255.255.0	—
	GE 0/0/0	173.16.2.1	255.255.255.0	—
R2（AR2220）	GE 0/0/0	173.16.1.2	255.255.255.0	—
	GE 0/0/1	101.0.0.1	255.255.255.0	—
	GE 0/0/2	173.16.3.1	255.255.255.0	—
R3（AR2220）	GE 0/0/0	101.0.0.2	255.255.255.0	—
	GE 0/0/1	173.15.1.1	255.255.255.0	—
	GE 0/0/2	173.15.2.1	255.255.255.0	—
R4（AR2220）	GE 0/0/0	173.15.1.2	255.255.255.0	—
	GE 0/0/1	173.15.3.1	255.255.255.0	—
	GE 0/0/2	173.15.5.1	255.255.255.0	—
R5（AR2220）	GE 0/0/0	173.15.2.2	255.255.255.0	—
	GE 0/0/1	173.15.3.2	255.255.255.0	—
	GE 0/0/2	173.15.4.1	255.255.255.0	—

续表

设备名称	接　口	IP 地址	子网掩码	默认网关
PC1	Ethernet 0/0/1	173.16.2.10	255.255.255.0	173.16.2.1
PC2	Ethernet 0/0/1	173.16.3.10	255.255.255.0	173.16.3.1
PC3	Ethernet 0/0/1	173.15.5.10	255.255.255.0	173.15.5.1
PC4	Ethernet 0/0/1	173.15.4.10	255.255.255.0	173.15.4.1

实验步骤

（1）新建网络拓扑结构。

（2）配置好 PC1～PC4 的网络参数。

（3）为路由器 R1～R5 配置端口 IP 地址。

配置完毕后，可以使用命令进行检查，避免 IP 地址设置错误造成链路不通。

```
<R3>display ip interface brief
*down: administratively down
^down: standby
(l): loopback
(s): spoofing
The number of interface that is UP in Physical is 4
The number of interface that is DOWN in Physical is 0
The number of interface that is UP in Protocol is 4
The number of interface that is DOWN in Protocol is 0

Interface                    IP Address/Mask      Physical     Protocol
GigabitEthernet0/0/0         101.0.0.2/24          up           up
GigabitEthernet0/0/1         173.15.1.1/24         up           up
GigabitEthernet0/0/2         173.15.2.1/24         up           up
NULL0                        unassigned            up           up(s)
```

（4）在 R1 和 R2 上部署 RIP 协议。

```
[R1]rip
[R1-rip-1]version 2
[R1-rip-1]network 173.16.0.0
[R2]rip
[R2-rip-1]version 2
[R2-rip-1]network 173.16.0.0
```

（5）验证 RIP 网络的连通情况。

通过 PC1 和 PC2 之间的连通情况验证自治系统内部的 RIP 协议配置，经过验证，主机 PC1 和 PC2 之间可以互相 ping 通。

```
PC>ping 173.16.3.10

Ping 173.16.3.10: 32 data bytes, Press Ctrl_C to break
From 173.16.3.10: bytes=32 seq=1 ttl=126 time=15 ms
From 173.16.3.10: bytes=32 seq=2 ttl=126 time=16 ms
From 173.16.3.10: bytes=32 seq=3 ttl=126 time=16 ms
From 173.16.3.10: bytes=32 seq=4 ttl=126 time=15 ms
```

```
From 173.16.3.10: bytes=32 seq=5 ttl=126 time=16 ms

--- 173.16.3.10 ping statistics ---
  5 packet(s) transmitted
  5 packet(s) received
  0.00% packet loss
  round-trip min/avg/max = 15/15/16 ms
```

（6）在 R3～R5 上配置 OSPF 协议。

```
[R3]ospf 1
[R3-ospf-1]area 0
[R3-ospf-1-area-0.0.0.0]network 173.15.1.0 0.0.0.255
[R3-ospf-1-area-0.0.0.0]network 173.15.2.0 0.0.0.255

[R4]ospf 1
[R4-ospf-1]area 0
[R4-ospf-1-area-0.0.0.0]network 173.15.1.0 0.0.0.255
[R4-ospf-1-area-0.0.0.0]network 173.15.3.0 0.0.0.255
[R4-ospf-1-area-0.0.0.0]network 173.15.5.0 0.0.0.255

[R5]ospf 1
[R5-ospf-1]area 0
[R5-ospf-1-area-0.0.0.0]network 173.15.2.0 0.0.0.255
[R5-ospf-1-area-0.0.0.0]network 173.15.3.0 0.0.0.255
[R5-ospf-1-area-0.0.0.0]network 173.15.4.0 0.0.0.255
```

（7）验证 OSPF 网络的连通情况。

通过 PC3 和 PC4 之间的连通情况验证自治系统内部的 OSPF 协议配置，经过验证，主机 PC3 和 PC4 之间可以互相 ping 通。

```
PC>ping 173.15.4.10

Ping 173.15.4.10: 32 data bytes, Press Ctrl_C to break
Request timeout!
From 173.15.4.10: bytes=32 seq=2 ttl=126 time=16 ms
From 173.15.4.10: bytes=32 seq=3 ttl=126 time=16 ms
From 173.15.4.10: bytes=32 seq=4 ttl=126 time<1 ms
From 173.15.4.10: bytes=32 seq=5 ttl=126 time=32 ms

--- 173.15.4.10 ping statistics ---
  5 packet(s) transmitted
  4 packet(s) received
  20.00% packet loss
  round-trip min/avg/max = 0/16/32 ms
```

（8）在 R2 和 R3 上配置 BGP 协议。

BGP 是单进程协议，所以没有进程号，BGP 进程配置就是为 BGP 指定所在自治域的 AS 号。BGP 的路由器 Router-ID 采用 IPv4 地址形式表示，是路由器上 BGP 协议进程与其他路由器上 BGP 协议进程交互的唯一标识，因此要求在整个 AS 范围内唯一。

按照 BGP 协议 Router-ID 选取规则，如果没有 LoopBack 口，那么所有 up 状态的物理口中地址最大的作为 Router-ID，也可以使用命令 router id 配置路由器的 Router-ID。这里以 R2 和 R3 相连的接口 IP 地址分别作为各自路由器的 Router-ID。

```
[R2]router id 101.0.0.1

[R3]router id 101.0.0.2
```

使用如下命令配置 BGP 协议。

```
[R2]bgp 100
[R2-bgp]peer 101.0.0.2 as-number 200

[R3]bgp 200
[R3-bgp]peer 101.0.0.1 as-number 100
```

配置好后可以通过 display bgp peer 命令查看 BGP 邻居关系。

```
[R3-bgp]display bgp peer

 BGP local router ID : 101.0.0.1
 Local AS number : 200
 Total number of peers : 1        Peers in established state : 0

  Peer          V     AS  MsgRcvd  MsgSent  OutQ     Up/Down   State Pre  fRcv

  101.0.0.1   4    100       0         0   0 00:00:07    Idle        0
```

通过 display bgp routing-table 命令查看 BGP 路由信息时，无任何显示，此时，BGP 还没有路由信息，因为路由信息尚未发布。

（9）在 R2 和 R3 上向 BGP 引入路由。

```
[R2-bgp]import-route rip 1
[R2-bgp]import-route direct

[R3-bgp]import-route ospf 1
[R3-bgp]import-route direct
```

（10）BGP 同步。

```
[R2]rip
[R2-rip-1]import-route bgp

[R3-bgp]ospf
[R3-ospf-1]import-route bgp
```

使用命令 display ip routing-table 查看路由表信息，此时两个自治域的路由信息均可见，其中协议类型为 EBGP 的路由信息是通过 BGP 方式获取的。

```
[R2]display ip routing-table
Route Flags: R - relay, D - download to fib
------------------------------------------------------------------------------
Routing Tables: Public
         Destinations : 20        Routes : 20

Destination/Mask        Proto  Pre Cost Flags NextHop         Interface
```

```
        101.0.0.0/24 Direct  0   0  D  101.0.0.1     GigabitEthernet0/0/1
        101.0.0.1/32 Direct  0   0  D  127.0.0.1     GigabitEthernet0/0/1
      101.0.0.255/32 Direct  0   0  D  127.0.0.1     GigabitEthernet0/0/1
         127.0.0.0/8 Direct  0   0  D  127.0.0.1     InLoopBack0
        127.0.0.1/32 Direct  0   0  D  127.0.0.1     InLoopBack0
  127.255.255.255/32 Direct  0   0  D  127.0.0.1     InLoopBack0
       173.15.1.0/24 EBGP    255 0  D  101.0.0.2     GigabitEthernet0/0/1
       173.15.2.0/24 EBGP    255 0  D  101.0.0.2     GigabitEthernet0/0/1
       173.15.3.0/24 EBGP    255 2  D  101.0.0.2     GigabitEthernet0/0/1
       173.15.4.0/24 EBGP    255 2  D  101.0.0.2     GigabitEthernet0/0/1
       173.15.5.0/24 EBGP    255 2  D  101.0.0.2     GigabitEthernet0/0/1
       173.16.1.0/24 Direct  0   0  D  173.16.1.2    GigabitEthernet0/0/0
       173.16.1.2/32 Direct  0   0  D  127.0.0.1     GigabitEthernet0/0/0
     173.16.1.255/32 Direct  0   0  D  127.0.0.1     GigabitEthernet0/0/0
       173.16.2.0/24 RIP     100 1  D  173.16.1.1    GigabitEthernet0/0/0
       173.16.3.0/24 Direct  0   0  D  173.16.3.1    GigabitEthernet0/0/2
       173.16.3.1/32 Direct  0   0  D  127.0.0.1     GigabitEthernet0/0/2
     173.16.3.255/32 Direct  0   0  D  127.0.0.1     GigabitEthernet0/0/2
  255.255.255.255/32 Direct  0   0  D  127.0.0.1     InLoopBack0
```

（11）验证自治系统之间的连通性。

通过 ping 命令验证主机 PC1～PC4 之间的连通性，可以发现主机之间都可以连通，说明 BGP 协议配置完成。

```
PC>ping 173.15.4.10

Ping 173.15.4.10: 32 data bytes, Press Ctrl_C to break
Request timeout!
From 173.15.4.10: bytes=32 seq=2 ttl=124 time=32 ms
From 173.15.4.10: bytes=32 seq=3 ttl=124 time=31 ms
From 173.15.4.10: bytes=32 seq=4 ttl=124 time=31 ms
From 173.15.4.10: bytes=32 seq=5 ttl=124 time=16 ms

--- 173.15.4.10 ping statistics ---
  5 packet(s) transmitted
  4 packet(s) received
  20.00% packet loss
  round-trip min/avg/max = 0/27/32 ms
```

二、BGP 路径选择

原理描述

与域内路由不同，域间路由更加注重策略，而不是技术。在域内进行选路，可以使用路由算法计算出到达目的子网的最短路径；而在域间，耗费最小不一定是选路的最高标准。出于国家、地区、组织以及企业等政策考虑，网络管理员希望能够控制通过本自治系统的流量，这些不是简单地依靠选路算法可以计算的，往往需通过配置访问控制列表，决定哪些流量可以通过本自治系统，而哪些流量不能通过本自治系统。

实验目的

1. 掌握路径选择原理。
2. 掌握路径选择配置方法。

实验内容

公司 A 网络由 2 台路由器连接，内部运行 RIP 路由协议。公司 B 网络由 3 台路由器连接，内部运行 OSPF 协议。两个公司的边界路由器上配置 BGP 协议实现两家公司设备之间的互通。出于数据分流的考虑，要求在 AS200 内的业务，访问 173.16.2.0/24 网段走线路 1，访问 173.16.3.0/24 网段走线路 2；在 AS100 内的业务，访问 173.15.4.0/24 网段走线路 1，访问 173.15.5.0/24 网段走线路 2。

实验配置

1. 实验设备

路由器 AR2220 5 台，PC 4 台。

2. 网络拓扑

BGP 配置拓扑结构如图 13-2 所示。

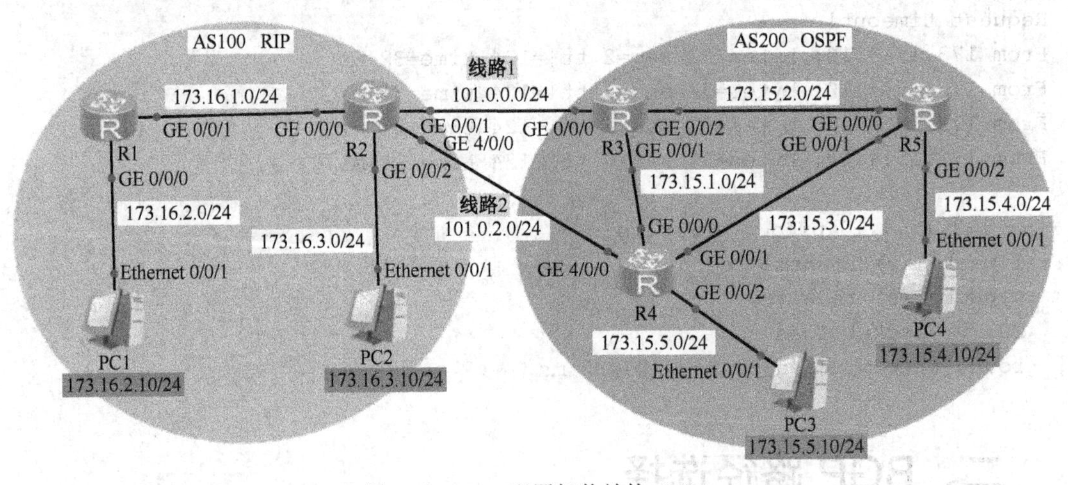

图 13-2 BGP 配置拓扑结构（2）

如果 R2 和 R4 的接口不够用，可以在其上右击，在弹出的快捷菜单中选择“视图”选项，在“视图”界面增加一个 1GEC 接口卡，增加或者减少接口卡需要在关机状态进行，如图 13-3 所示。

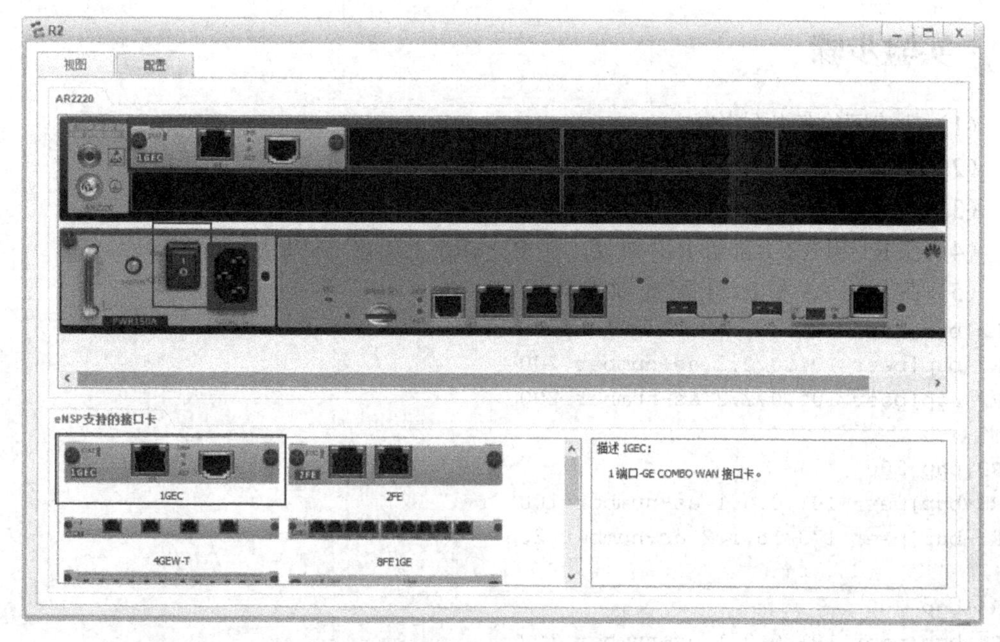

图 13-3　R2 接口视图

3. 设备编址

设备接口编址如表 13-2 所示。

表 13-2　设备接口编址

设备名称	接口	IP 地址	子网掩码	默认网关
R1（AR2220）	GE 0/0/1	173.16.1.1	255.255.255.0	—
	GE 0/0/0	173.16.2.1	255.255.255.0	—
R2（AR2220）	GE 0/0/0	173.16.1.2	255.255.255.0	—
	GE 0/0/1	101.0.0.1	255.255.255.0	—
	GE 0/0/2	173.16.3.1	255.255.255.0	—
	GE 4/0/0	101.0.2.1	255.255.255.0	—
R3（AR2220）	GE 0/0/0	101.0.0.2	255.255.255.0	—
	GE 0/0/1	173.15.1.1	255.255.255.0	—
	GE 0/0/2	173.15.2.1	255.255.255.0	—
R4（AR2220）	GE 0/0/0	173.15.1.2	255.255.255.0	—
	GE 0/0/1	173.15.3.1	255.255.255.0	—
	GE 0/0/2	173.15.5.1	255.255.255.0	—
	GE 4/0/0	101.0.2.2	255.255.255.0	—
R5（AR2220）	GE 0/0/0	173.15.2.2	255.255.255.0	—
	GE 0/0/1	173.15.3.2	255.255.255.0	—
	GE 0/0/2	173.15.4.1	255.255.255.0	—
PC1	Ethernet 0/0/1	173.16.2.10	255.255.255.0	173.16.2.1
PC2	Ethernet 0/0/1	173.16.3.10	255.255.255.0	173.16.3.1
PC3	Ethernet 0/0/1	173.15.5.10	255.255.255.0	173.15.5.1
PC4	Ethernet 0/0/1	173.15.4.10	255.255.255.0	173.15.4.1

实验步骤

（1）新建网络拓扑结构。

（2）配置好 PC1～PC4 的网络参数。

（3）为路由器 R1～R5 配置端口 IP 地址。

（4）在 R1 和 R2 上部署 RIP 协议，在 R3～R5 上配置 OSPF 协议。

（5）在 R2、R3 和 R4 上配置 BGP 协议。

```
[R2]bgp 100
[R2-bgp]peer 101.0.0.2 as-number 200
[R2-bgp]peer 101.0.2.2 as-number 200

[R3]bgp 200
[R3-bgp]peer 101.0.0.1 as-number 100
[R3-bgp]peer 173.15.1.2 as-number 200

[R4]bgp 200
[R4-bgp]peer 101.0.2.1 as-number 100
[R4-bgp]peer 173.15.1.1 as-number 200
```

配置好后可以通过 display bgp peer 命令查看 BGP 邻居关系，以 R3 为例。

```
[R3-bgp]display bgp peer
 BGP local router ID : 173.15.2.1
 Local AS number : 200
 Total number of peers : 2        Peers in established state : 0
  Peer        V    AS  MsgRcvd  MsgSent  OutQ  Up/Down      State PrefRcv
  101.0.0.1   4   100        0        0     0 00:00:23     Idle       0
  173.15.1.2  4   200        0        0     0 00:00:06     Idle       0
```

（6）在 R2、R3 和 R4 上向 BGP 引入路由。

```
[R2-bgp]import-route rip 1
[R2-bgp]import-route direct

[R3-bgp]import-route ospf 1
[R3-bgp]import-route direct

[R4-bgp]import-route ospf 1
[R4-bgp]import-route direct
```

（7）BGP 同步。

```
[R2]rip
[R2-rip-1]import-route bgp

[R3]ospf
[R3-ospf-1]import-route bgp

[R4]ospf
[R4-ospf-1]import-route bgp
```

至此，BGP 基本配置完成。主机之间可以相互通信。

（8）在主机 PC4 上通过 tracert 命令查看主机 PC1 和 PC2 的路径。

```
PC>tracert 173.16.2.10
traceroute to 173.16.2.10, 8 hops max
(ICMP), press Ctrl+C to stop
 1  173.15.4.1   <1 ms  16 ms  16 ms
 2  173.15.2.1   15 ms  32 ms  15 ms
 3  101.0.0.1   16 ms  47 ms  15 ms
 4  173.16.1.1   16 ms  16 ms  31 ms
 5  173.16.2.10   31 ms  16 ms  31 ms

PC>tracert 173.16.3.10
traceroute to 173.16.3.10, 8 hops max
(ICMP), press Ctrl+C to stop
 1  173.15.4.1   15 ms  16 ms  15 ms
 2  173.15.2.1   16 ms  16 ms  31 ms
 3  101.0.0.1   16 ms  15 ms  16 ms
 4  173.16.3.10   31 ms  16 ms  31 ms
```

可以看出，从 AS200 中的 PC4 出发到达 AS100 中的 173.16.2.10/24 和 173.16.3.10/24 网段均通过线路 1 到达，并不完全符合公司要求。因此，需要按要求配置路由策略。

（9）配置 AS200 至 AS100 的路由策略。

① R3 路由器配置。路由策略可以通过访问控制列表 ACL 来配置。

第 1 步：在 R3 上使用 acl 命令创建一个编号型 ACL，基本 ACL 的范围是 2000～2999。然后，使用 rule 命令配置 ACL 规则，允许数据包源地址为 173.16.2.0 和 173.16.3.0 网段的报文通过。

```
[R3]acl 2001
[R3-acl-basic-2001] rule permit source 173.16.2.0 0.0.0.255
[R3-acl-basic-2001]quit

[R3]acl 2002
[R3-acl-basic-2002]rule permit source 173.16.3.0 0.0.0.255
[R3-acl-basic-2002]quit
```

第 2 步：使用 route-policy 命令新建一条名称为 n1 的路由策略，允许状态、节点号分别为 10 和 20。节点号值小的节点先进行匹配，一个节点匹配成功后，路由将不再匹配其他节点。全部节点匹配失败后，路由将被过滤。

进入路由策略（Route-Policy）视图。使用 if-match acl 命令创建一个基于 ACL 的匹配规则，使用 apply local-preference 命令在路由策略中配置改变 BGP 路由信息的本地优先级的动作，参数值为整数形式，取值范围是 0～4294967295，默认值为 100，值越高优先级越高。为 173.16.2.0 网段设置本地优先级为 200，为 173.16.3.0 网段设置本地优先级为 50。

```
[R3]route-policy n1 permit node 10
Info: New Sequence of this List.
[R3-route-policy]if-match acl 2001
[R3-route-policy]apply local-preference 200

[R3-route-policy]route-policy n1 permit node 20
```

```
Info: New Sequence of this List.
[R3-route-policy]if-match acl 2002
[R3-route-policy]apply local-preference 50
```

第 3 步：将路由策略通告给 bgp peer。命令 peer route-policy 用来对来自对等体的路由指定路由策略 route-policy。

```
[R3]bgp 200
[R3-bgp]peer 173.15.1.2 route-policy n1 export
```

② R4 路由器配置。到达不同目的网段的本地偏好值优先级顺序与 R3 设置相反。

```
[R4]acl 2001
[R4-acl-basic-2001]rule permit source 173.16.2.0 0.0.0.255
[R4-acl-basic-2001]quit

[R4]acl 2002
[R4-acl-basic-2002]rule permit source 173.16.3.0 0.0.0.255
[R4-acl-basic-2002]quit

[R4]route-policy n2 permit node 10
Info: New Sequence of this List.
[R4-route-policy]if-match acl 2001
[R4-route-policy]apply local-preference 50
[R4-route-policy]quit

[R4]route-policy n2 permit node 20
Info: New Sequence of this List.
[R4-route-policy]if-match acl 2002
[R4-route-policy]apply local-preference 200
[R4-route-policy]quit
```

第 1 步：将路由策略通告给 bgp peer。

```
[R4]bgp 200
[R4-bgp]peer 173.15.1.1 route-policy n2 export
```

此时，AS200 到 AS100 的路由策略已经配置完成。

第 2 步：可以通过在主机 PC4 上分别使用 tracert 命令跟踪到主机 PC1 和主机 PC2 的路由来观察数据包所有的线路。

```
PC>tracert 173.16.2.10
traceroute to 173.16.2.10, 8 hops max
(ICMP), press Ctrl+C to stop
 1  173.15.4.1   16 ms  16 ms  <1 ms
 2  173.15.2.1   31 ms  16 ms  15 ms
 3   101.0.0.1   31 ms  16 ms  31 ms
 4  173.16.1.1   32 ms  15 ms  16 ms
 5 173.16.2.10   31 ms  31 ms  32 ms

PC>tracert 173.16.3.10
traceroute to 173.16.3.10, 8 hops max
(ICMP), press Ctrl+C to stop
 1 173.15.4.1   15 ms  <1 ms  32 ms
```

```
 2  173.15.3.1   15 ms  32 ms  15 ms
 3  101.0.2.1   16 ms  15 ms  32 ms
 4  173.16.3.10   15 ms  32 ms  15 ms
```

可以看到，此时到达 173.16.2.0/24 网段的数据包经线路 1 转发，而到达 173.16.3.0/24 网段的数据包经线路 2 转发。

（10）配置 AS100 至 AS200 的路由策略。

第 1 步：在 R3 上完成 AS100 到 AS200 的路由策略的配置。

```
[R3]acl 2011
[R3-acl-basic-2011]rule permit source 173.15.4.0 0.0.0.255
[R3-acl-basic-2011]acl 2012
[R3-acl-basic-2012]rule permit source 173.15.5.0 0.0.0.255
[R3-acl-basic-2012]quit
```

在 R4 上完成 AS100 到 AS200 的路由策略的配置。

```
[R4]acl 2011
[R4-acl-basic-2011]rule permit source 173.15.4.0 0.0.0.255
[R4-acl-basic-2011]acl 2012
[R4-acl-basic-2012]rule permit source 173.15.5.0 0.0.0.255
[R4-acl-basic-2012]quit
```

第 2 步：在 R3 上配置名为 n3 的路由策略的路径耗费。

```
[R3]route-policy n3 permit node 10
Info: New Sequence of this List.
[R3-route-policy]if-match acl 2011
[R3-route-policy]apply cost 1000
[R3-route-policy]quit
[R3]route-policy n3 permit node 20
Info: New Sequence of this List.
[R3-route-policy]if-match acl 2012
[R3-route-policy]apply cost 200
[R3-route-policy]quit
```

在 R4 上配置名为 n4 的路由策略的路径耗费。

```
[R4]route-policy n4 permit node 10
Info: New Sequence of this List.
[R4-route-policy]if-match acl 2011
[R4-route-policy]apply cost 200
[R4-route-policy]quit
[R4]route-policy n4 permit node 20
Info: New Sequence of this List.
[R4-route-policy]if-match acl 2012
[R4-route-policy]apply cost 1000
[R4-route-policy]quit
```

第 3 步：通告给 bgp peer。

```
[R3]bgp 200
[R3-bgp]peer 101.0.0.1 route-policy n3 export


[R4]bgp 200
[R4-bgp]peer 101.0.2.1 route-policy n4 export
```

第 4 步：通过在路由器 R2 上显示 BGP 路由表验证 AS100 到 AS200 的路由策略。

```
<R2>disp bgp routing-table

 BGP Local router ID is 173.16.1.2
 Status codes: * - valid, > - best, d - damped,
               h - history,  i - internal, s - suppressed, S - Stale
               Origin : i - IGP, e - EGP, ? - incomplete

 Total Number of Routes: 15
Networ    NextHop          MED          LocPrf       PrefVal       Path/Ogn

 *>    101.0.0.0/24       0.0.0.0     0                0           ?
 *>    101.0.0.1/32       0.0.0.0     0                0           ?
 *>    101.0.2.0/24       0.0.0.0     0                0           ?
 *>    101.0.2.1/32       0.0.0.0     0                0           ?
 *>       127.0.0.0       0.0.0.0     0                0           ?
 *>    127.0.0.1/32       0.0.0.0     0                0           ?
 *>   173.15.4.0/24       101.0.2.2   200              0            200?
 *                        101.0.0.2   1000             0            200?
 *>   173.15.5.0/24       101.0.0.2   200              0            200?
 *                        101.0.2.2   1000             0            200?
 *>   173.16.1.0/24       0.0.0.0     0                0           ?
 *>   173.16.1.2/32       0.0.0.0     0                0           ?
 *>   173.16.2.0/24       0.0.0.0     1                0           ?
 *>   173.16.3.0/24       0.0.0.0     0                0           ?
 *>   173.16.3.1/32       0.0.0.0     0                0           ?
```

第 5 步：在 PC1 上使用 tracert 命令查看路由，可以发现，目前已经按照既定路径进行了通连。

```
PC>tracert 173.15.4.10
traceroute to 173.15.4.10, 8 hops max
(ICMP), press Ctrl+C to stop
 1     173.16.2.1   16 ms  16 ms  15 ms
 2     173.16.1.2   16 ms  15 ms  32 ms
 3      101.0.2.2   15 ms  32 ms  15 ms
 4     173.15.3.2   16 ms  31 ms  47 ms
 5   *173.15.4.10   31 ms  31 ms

PC>tracert 173.15.5.10
traceroute to 173.15.5.10, 8 hops max
(ICMP), press Ctrl+C to stop
 1     173.16.2.1   16 ms  <1 ms  16 ms
 2     173.16.1.2   15 ms  16 ms  16 ms
 3      101.0.0.2   31 ms  15 ms  32 ms
 4     173.15.1.2   31 ms  16 ms  31 ms
 5   *173.15.5.10   31 ms  31 ms
```

实验 14 路由聚合

原理描述

路由聚合是把一组路由汇聚为一个单个的路由广播，使得路由选择协议能够用一个地址通告众多网络，用以缩小路由器中路由选择表的规模，同时缩短 IP 为了找出前往远程网络的路径而对路由选择表进行分析所需的时间。

其算法是将各子网地址的网段以二进制表示后从第 1 位比特进行比较，找到第一个不相同的比特数后保留前面相同的位数，然后将相同比特后面的数（到末尾）填充为 0。由此得到的地址为汇总后的网段网络地址，其网络位为连续的相同比特的位数。

BGP 的路由聚合主要分为两种：一种为自动聚合，另一种为手动聚合。

（1）自动路由聚合是在自然网络边界路由器上自动执行的。在默认情况下，BGP 路由聚合是关闭的，并且 BGP 自动路由聚合只适用于通过路由引入方式（Import-Route）引入的路由。使用 BGP 自动路由聚合时，需要进行严谨的 IP 地址规划。在一个地址规划杂乱无序的网络中，自动路由聚合可能会产生许多意想不到的问题。例如，在采用不连续子网规划的网络中，自动路由聚合可能会导致报文转发出现选路问题，或者是产生路由环路。自动聚合的方式，地址会聚合到主类网络，这将导致不精确的汇总。在实际应用环境中一般不使用自动聚合。

（2）手动聚合方式要求本路由器至少有一条明细路由才能进行手动聚合，并且要使用 network 命令通告明细路由。

实验目的

1. 掌握 BGP 自动聚合的配置方法。
2. 掌握 BGP 手动聚合的配置方法。

实验内容

公司 A 网络对外由 2 台路由器连接。公司 B 网络有 3 台路由器，其中对外由 2 台路由器连接。5 台路由器均采用 BGP 协议实现互通。为了减少路由表的规模，请设置 BGP 协议路由聚合。

实验配置

1. 实验设备

路由器 AR2220 5 台。

2. 网络拓扑

BGP 配置拓扑结构如图 14-1 所示。

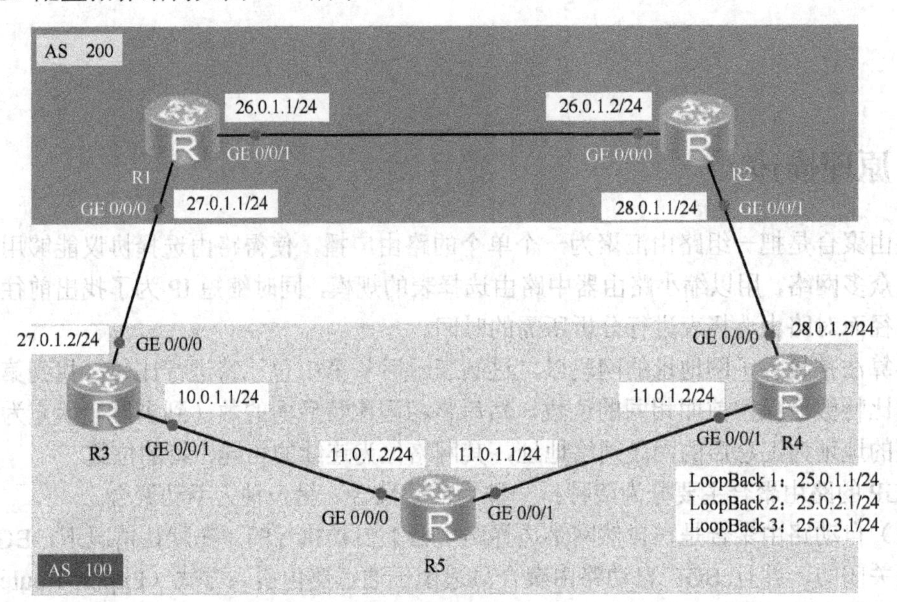

图 14-1　BGP 配置拓扑结构（3）

3. 设备编址

设备接口编址如表 14-1 所示。

表 14-1　设备接口编址

设备名称	接　口	IP 地址	子网掩码	默认网关
R1（AR2220）	GE 0/0/0	27.0.1.1	255.255.255.0	—
	GE 0/0/1	26.0.1.1	255.255.255.0	—
R2（AR2220）	GE 0/0/0	26.0.1.2	255.255.255.0	—
	GE 0/0/1	28.0.1.1	255.255.255.0	—
R3（AR2220）	GE 0/0/0	27.0.1.2	255.255.255.0	—
	GE 0/0/1	10.0.1.1	255.255.255.0	—
R4（AR2220）	GE 0/0/0	28.0.1.2	255.255.255.0	—
	GE 0/0/1	11.0.1.2	255.255.255.0	—
	LoopBack 1	25.0.1.1	255.255.255.0	—
	LoopBack 2	25.0.2.1	255.255.255.0	—
	LoopBack 3	25.0.3.1	255.255.255.0	—
R5（AR2220）	GE 0/0/0	10.0.1.2	255.255.255.0	—
	GE 0/0/1	11.0.1.1	255.255.255.0	—

实验步骤

1. 自动聚合

（1）新建网络拓扑结构，配置参数。

根据条件新建网络拓扑结构，配置好 R1～R5 的网络参数，配置完毕后，可以使用命令进行检查，避免 IP 地址设置错误造成链路不通。以 R4 为例：

```
<R4>display ip interface brief
*down: administratively down
^down: standby
(l): loopback
(s): spoofing
The number of interface that is UP in Physical is 6
The number of interface that is DOWN in Physical is 1
The number of interface that is UP in Protocol is 6
The number of interface that is DOWN in Protocol is 1

Interface                      IP Address/Mask     Physical    Protocol
GigabitEthernet0/0/0            28.0.1.2/24         up          up
GigabitEthernet0/0/1            11.0.1.2/24         up          up
GigabitEthernet0/0/2            unassigned          down        down
LoopBack1                       25.0.1.1/24         up          up(s)
LoopBack2                       25.0.2.1/24         up          up(s)
LoopBack3                       25.0.3.1/24         up          up(s)
NULL0                           unassigned          up          up(s)
```

（2）在 R1～R5 上配置 BGP 协议，并查看 BGP 邻居关系。

```
[R1]bgp 200
[R1-bgp]peer 27.0.1.2 as-number 100
[R1-bgp]peer 26.0.1.2 as-number 200

[R2]bgp 200
[R2-bgp]peer 26.0.1.1 as-number 200
[R2-bgp]peer 28.0.1.2 as-number 100

[R3]bgp 100
[R3-bgp]peer 27.0.1.1 as-number 200
[R3-bgp]peer 10.0.1.2 as-number 100

[R4]bgp 100
[R4-bgp]peer 11.0.1.1 as-number 100
[R4-bgp]peer 28.0.1.1 as-number 200

[R5]bgp 100
[R5-bgp]peer 10.0.1.1 as-number 100
[R5-bgp]peer 11.0.1.2 as-number 100
```

查看邻居关系，以 R1 为例：

```
<R1>display bgp peer
```

```
 BGP local router ID : 27.0.1.1
 Local AS number : 200
 Total number of peers : 2        Peers in established state : 0

  Peer            V    AS  MsgRcvd  MsgSent  OutQ  Up/Down       State Pre  fRcv

  26.0.1.2        4   200        0        0     0 00:00:33     Connect        0
  27.0.1.2        4   100        0        0     0 00:00:48     Connect        0
```

（3）向 BGP 引入直连链路路由。

```
[R1-bgp]import-route direct
[R2-bgp]import-route direct
[R3-bgp]import-route direct
[R4-bgp]import-route direct
[R5-bgp]import-route direct
```

查看 BGP 路由表。R1 路由表为：

```
[R1-bgp]dis bgp routing-table

 BGP Local router ID is 27.0.1.1
 Status codes: * - valid, > - best, d - damped,
               h - history,  i - internal, s - suppressed, S - Stale
               Origin : i - IGP, e - EGP, ? - incomplete


 Total Number of Routes: 10
Network               NextHop     MED      LocPrf        PrefVal   Path/Ogn

 *>   10.0.1.0/24    27.0.1.2    0        0                          100?
 * i                 28.0.1.2             100            0           100?
 *>   11.0.1.0/24    27.0.1.2                            0           100?
 * i                 28.0.1.2    0        100            0           100?
 *>i  25.0.1.0/24    28.0.1.2    0        100            0           100?
 *>i  25.0.2.0/24    28.0.1.2    0        100            0           100?
 *>i  25.0.3.0/24    28.0.1.2    0        100            0           100?
   i  26.0.1.0/24    26.0.1.2    0        100            0           ?
      27.0.1.0/24    27.0.1.2    0                       0           100?
 *>i  28.0.1.0/24    26.0.1.2    0        100            0           ?
```

R4 路由表为：

```
[R4-bgp]display bgp routing-table

 BGP Local router ID is 28.0.1.2
 Status codes: * - valid, > - best, d - damped,
               h - history,  i - internal, s - suppressed, S - Stale
               Origin : i - IGP, e - EGP, ? - incomplete


 Total Number of Routes: 17
```

```
Network            NextHop       MED        LocPrf    PrefVal Path/Ogn

 *>i   10.0.1.0/24   11.0.1.1      0          100        0        ?
 *>    11.0.1.0/24   0.0.0.0       0                     0        ?
   i                 11.0.1.1      0          100        0        ?
 *>    11.0.1.2/32   0.0.0.0       0                     0        ?
 *>    25.0.1.0/24   0.0.0.0       0                     0        ?
 *>    25.0.1.1/32   0.0.0.0       0                     0        ?
 *>    25.0.2.0/24   0.0.0.0       0                     0        ?
 *>    25.0.2.1/32   0.0.0.0       0                     0        ?
 *>    25.0.3.0/24   0.0.0.0       0                     0        ?
 *>    25.0.3.1/32   0.0.0.0       0                     0        ?
 *>    26.0.1.0/24   28.0.1.1      0                     0        200?
 *>    27.0.1.0/24   28.0.1.1                            0        200?
 *>    28.0.1.0/24   0.0.0.0       0                     0        ?
                     28.0.1.1      0                     0        200?
 *>    28.0.1.2/32   0.0.0.0       0                     0        ?
 *>      127.0.0.0   0.0.0.0       0                     0        ?
 *>  127.0.0.1/32    0.0.0.0       0                     0        ?
```

此时，路由表中的所有路由均未做聚合。

（4）在 R4 上开启 BGP 自动路由聚合功能。

在默认情况下，华为设备 BGP 自动路由聚合是关闭的，因此要通过命令开启。

BGP 对等体关系有多种，ipv4-family 命令用来进入不同的视图。ipv4-family unicast 表示进入 BGP-IPv4 单播地址族视图。summary automatic 命令生成自动聚合路由。

在 R4 上执行以下命令。

```
[R4-bgp]ipv4-family unicast
[R4-bgp-af-ipv4]summary automatic
```

执行 summary automatic 命令，会弹出提示：

```
Info: Automatic summarization is valid only for the routes imported through
the import-route command.
```

表示自动路由聚合只对使用 import-route 命令引入的路由有效。

（5）再次查看 R4 的路由表。

```
[R4-bgp-af-ipv4]display bgp routing-table

 BGP Local router ID is 28.0.1.2
 Status codes: * - valid, > - best, d - damped,
               h - history,  i - internal, s - suppressed, S - Stale
               Origin : i - IGP, e - EGP, ? - incomplete


 Total Number of Routes: 19
Network            NextHop       MED        LocPrf    PrefVal Path/Ogn

 *>i  10.0.1.0/24    11.0.1.1      0          100        0        ?
 *>       11.0.0.0   127.0.0.1                           0        ?
 s>   11.0.1.0/24    0.0.0.0       0                     0        ?
```

```
  i              11.0.1.1     0          100        0          ?
 *>   11.0.1.2/32   0.0.0.0      0                     0          ?
 *>     25.0.0.0    127.0.0.1                          0          ?
 s>   25.0.1.0/24   0.0.0.0      0                     0          ?
 *>   25.0.1.1/32   0.0.0.0      0                     0          ?
 s>   25.0.2.0/24   0.0.0.0      0                     0          ?
 *>   25.0.2.1/32   0.0.0.0      0                     0          ?
 s>   25.0.3.0/24   0.0.0.0      0                     0          ?
 *>   25.0.3.1/32   0.0.0.0      0                     0          ?
 *>   26.0.1.0/24   28.0.1.1     0                     0          200?
 *>     28.0.0.0    127.0.0.1                          0          ?
 s>   28.0.1.0/24   0.0.0.0      0                     0          ?
                    28.0.1.1     0                     0          200?
 *>   28.0.1.2/32   0.0.0.0      0                     0          ?
 *>    127.0.0.0    0.0.0.0      0                     0          ?
 *>  127.0.0.1/32   0.0.0.0      0                     0          ?
```

此时已经生成了多个汇聚路由，且为默认子网掩码长度的 A 类网络地址，也就是说，自动路由聚合会将地址自动聚合到主类网络。

再查看 R1 的路由表：

```
<R1>display bgp routing-table

 BGP Local router ID is 27.0.1.1
 Status codes: * - valid, > - best, d - damped,
               h - history,  i - internal, s - suppressed, S - Stale
               Origin : i - IGP, e - EGP, ? - incomplete


 Total Number of Routes: 9
  Network            NextHop        MED        LocPrf    PrefVal Path/Ogn

 *>   10.0.1.0/24    27.0.1.2       0                     0          100?
 * i                 28.0.1.2                  100        0          100?
 *>i     11.0.0.0    28.0.1.2                  100        0          100?
 *>   11.0.1.0/24    27.0.1.2                             0          100?
 *>i     25.0.0.0    28.0.1.2                  100        0          100?
   i  26.0.1.0/24    26.0.1.2       0          100        0          ?
      27.0.1.0/24    27.0.1.2       0                     0          100?
 *>i     28.0.0.0    28.0.1.2                  100        0          100?
 *>i  28.0.1.0/24    26.0.1.2       0          100        0          ?
```

此时，R1 路由表中仅含有汇聚后的路由信息，其他汇聚前的路由已经不再出现。

2. 手动聚合

手动聚合主要针对的是本地路由，不管是 network 还是 import 都可以进行聚合，它可以控制聚合路由的属性，以及决定是否发布明细路由。不管是哪台路由器都可以对一个网段进行聚合，通常情况下，手动聚合的优先级高于自动聚合的优先级。在默认情况下，不进行路由聚合。

（1）取消 BGP 自动聚合。

使用命令取消 R4 上的 BGP 自动聚合。

```
[R4]bgp 100
[R4-bgp]ipv4-family unicast
[R4-bgp-af-ipv4]undo summary automatic
```

（2）进行手动聚合，不抑制明细路由。

使用 aggregate 命令进行手动聚合，在默认情况下，手动聚合不抑制明细路由，也就是说，路由明细和汇总路由会一起通告给邻居。

```
[R4-bgp]aggregate 25.0.0.0 255.255.252.0
```

查看 R4 的路由表：

```
[R4-bgp]dis bgp routing-table

 BGP Local router ID is 28.0.1.2
 Status codes: * - valid, > - best, d - damped,
               h - history, i - internal, s - suppressed, S - Stale
               Origin : i - IGP, e - EGP, ? - incomplete


 Total Number of Routes: 17
Network             NextHop         MED         LocPrf     PrefVal Path/Ogn

 *>i   10.0.1.0/24   11.0.1.1        0          100         0         ?
 *>    11.0.1.0/24   0.0.0.0         0                      0         ?
   i                 11.0.1.1        0          100         0         ?
 *>    11.0.1.2/32   0.0.0.0         0                      0         ?
 *>    25.0.0.0/22   127.0.0.1                              0         ?
 *>    25.0.1.0/24   0.0.0.0         0                      0         ?
 *>    25.0.1.1/32   0.0.0.0         0                      0         ?
 *>    25.0.2.0/24   0.0.0.0         0                      0         ?
 *>    25.0.2.1/32   0.0.0.0         0                      0         ?
 *>    25.0.3.0/24   0.0.0.0         0                      0         ?
 *>    25.0.3.1/32   0.0.0.0         0                      0         ?
 *>    26.0.1.0/24   28.0.1.1        0                      0         200?
 *>    28.0.1.0/24   0.0.0.0         0                      0         ?
                     28.0.1.1        0                      0         200?
 *>    28.0.1.2/32   0.0.0.0         0                      0         ?
 *>       127.0.0.0  0.0.0.0         0                      0         ?
 *>   127.0.0.1/32   0.0.0.0         0                      0         ?
```

查看 R1 的路由表：

```
<R1>dis bgp routing-table

 BGP Local router ID is 27.0.1.1
 Status codes: * - valid, > - best, d - damped,
               h - history, i - internal, s - suppressed, S - Stale
               Origin : i - IGP, e - EGP, ? - incomplete
```

```
 Total Number of Routes: 11
 Network            NextHop        MED        LocPrf    PrefVal Path/Ogn

 *>   10.0.1.0/24    27.0.1.2       0                     0       100?
 * i                 28.0.1.2                  100        0       100?
 *>   11.0.1.0/24    27.0.1.2                             0       100?
 * i                 28.0.1.2       0          100        0       100?
 *>i  25.0.0.0/22    28.0.1.2                  100        0       100?
 *>i  25.0.1.0/24    28.0.1.2       0          100        0       100?
 *>i  25.0.2.0/24    28.0.1.2       0          100        0       100?
 *>i  25.0.3.0/24    28.0.1.2       0          100        0       100?
   i  26.0.1.0/24    26.0.1.2       0          100        0       ?
      27.0.1.0/24    27.0.1.2       0                     0       100?
 *>i  28.0.1.0/24    26.0.1.2       0          100        0       ?
```

可以看到，在 R1 的路由表中，除了聚合后的路由，聚合前的路由条目仍然存在。

（3）抑制明细路由。

若要抑制明细路由，则使用命令：

```
[R4-bgp]aggregate 25.0.0.0 255.255.252.0 detail-suppressed
```

查看 R4 的路由表：

```
[R4-bgp]dis bgp routing-table

 BGP Local router ID is 28.0.1.2
 Status codes: * - valid, > - best, d - damped,
               h - history,  i - internal, s - suppressed, S - Stale
               Origin : i - IGP, e - EGP, ? - incomplete


 Total Number of Routes: 17
Network            NextHop        MED        LocPrf    PrefVal Path/Ogn

 *>i  10.0.1.0/24    11.0.1.1       0          100        0       ?
 *>   11.0.1.0/24    0.0.0.0        0                     0       ?
   i                 11.0.1.1       0          100        0       ?
 *>   11.0.1.2/32    0.0.0.0        0                     0       ?
 *>   25.0.0.0/22    127.0.0.1                            0       ?
 s>   25.0.1.0/24    0.0.0.0        0                     0       ?
 *>   25.0.1.1/32    0.0.0.0        0                     0       ?
 s>   25.0.2.0/24    0.0.0.0        0                     0       ?
 *>   25.0.2.1/32    0.0.0.0        0                     0       ?
 s>   25.0.3.0/24    0.0.0.0        0                     0       ?
 *>   25.0.3.1/32    0.0.0.0        0                     0       ?
 *>   26.0.1.0/24    28.0.1.1       0                     0       200?
 *>   28.0.1.0/24    0.0.0.0        0                     0       ?
                     28.0.1.1       0                     0       200?
 *>   28.0.1.2/32    0.0.0.0        0                     0       ?
 *>     127.0.0.0    0.0.0.0        0                     0       ?
```

```
 *>   127.0.0.1/32   0.0.0.0        0                  0       ?
```

形成聚合路由后，原先的路由信息前的“*”变更为“s”标记，明细路由被抑制，不再通告给邻居。

再查看 R1 的路由表：

```
<R1>dis bgp routing-table

 BGP Local router ID is 27.0.1.1
 Status codes: * - valid, > - best, d - damped,
               h - history,  i - internal, s - suppressed, S - Stale
               Origin : i - IGP, e - EGP, ? - incomplete


 Total Number of Routes: 8
Network            NextHop         MED        LocPrf    PrefVal Path/Ogn

 *>   10.0.1.0/24    27.0.1.2        0                     0       100?
 * i                 28.0.1.2                  100         0       100?
 *>   11.0.1.0/24    27.0.1.2                              0       100?
 * i                 28.0.1.2        0         100         0       100?
 *>i  25.0.0.0/22    28.0.1.2                  100         0       100?
   i  26.0.1.0/24    26.0.1.2        0         100         0       ?
      27.0.1.0/24    27.0.1.2        0                     0       100?
 *>i  28.0.1.0/24    26.0.1.2        0         100         0       ?
```

此时，仅存在聚合后的路由，而聚合前的路由条目不再出现，完成验证。

（4）其他参数。

使用“?”来查看手动聚合的参数命令：

```
[R4-bgp]aggregate 25.0.0.0 255.255.252.0 ?
  as-set              Generate the route with AS-SET path-attribute
  attribute-policy     Set aggregation attributes
  detail-suppressed    Filter more detail route from updates
  origin-policy       Filter the originate routes of the aggregate
  suppress-policy      Filter more detail route from updates through a Routing
                     policy
  <cr>                Please press ENTER to execute command
```

其中，as-set 表示携带路由起源的 AS 属性，用于防环；attribute-policy 表示可以更改路由的属性；detail-suppressed 表示可以抑制明细路由的通告，只通告汇总路由给邻居；使用 suppress-policy 则只会抑制被 route-policy 匹配的路由。

以上参数大家可以自行实验。

3. 自动聚合和手动聚合对比

本实验以实验 13 简单拓扑 BGP 配置实验为基础，进一步了解和分析自动聚合可能出现的问题。

在 R1 上增加一个 173.15.15.0/24 的网段，主机 PC7 地址为 173.15.15.10/24，R1 上的 GE 0/0/2 接口地址为 173.15.15.1/24。拓扑结构如图 14-2 所示。

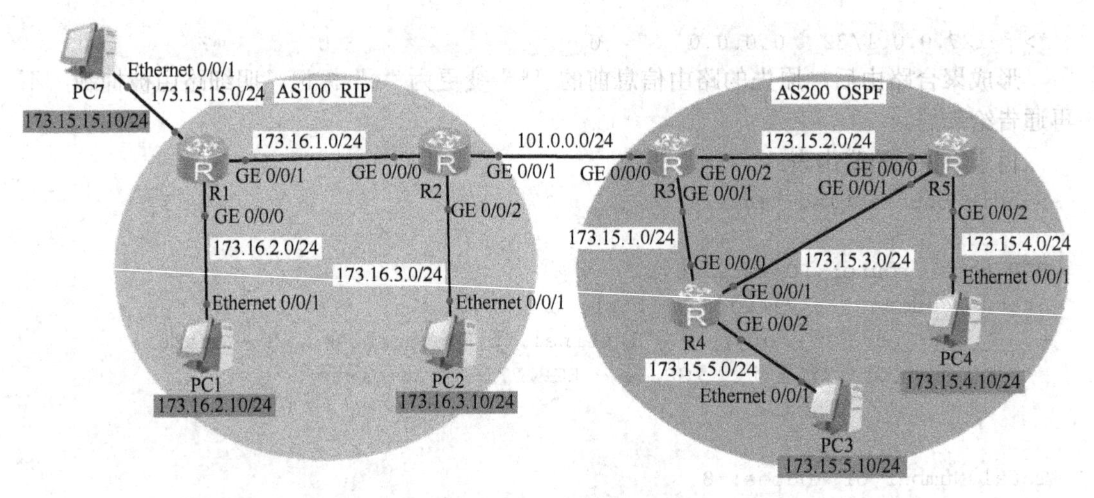

图 14-2　拓扑结构

（1）在 R1 上补充以下命令，使用 network 命令激活参与 RIP 的 GE 0/0/2 接口。

```
<R1>system-view
[R1]interface GigabitEthernet 0/0/2
[R1-GigabitEthernet0/0/2]ip add 173.15.15.1 24
[R1]rip
[R1-rip-1]network 173.15.0.0
```

（2）查看 R2 及 R3 的 BGP 路由表。

```
[R2]display bgp routing-table

 BGP Local router ID is 173.16.1.2
 Status codes: * - valid, > - best, d - damped,
               h - history,  i - internal, s - suppressed, S - Stale
               Origin : i - IGP, e - EGP, ? - incomplete

 Total Number of Routes: 16
  Network             NextHop          MED     LocPrf     PrefVal  Path/Ogn

 *>    101.0.0.0/24   0.0.0.0           0         0           ?
                      101.0.0.2         0         0           200?
 *>     101.0.0.1/32  0.0.0.0           0         0           ?
 *>        127.0.0.0  0.0.0.0           0         0           ?
 *>     127.0.0.1/32  0.0.0.0           0         0           ?
 *>    173.15.1.0/24  101.0.0.2         0         0           200?
 *>    173.15.2.0/24  101.0.0.2         0         0           200?
 *>    173.15.3.0/24  101.0.0.2         2         0           200?
 *>    173.15.4.0/24  101.0.0.2         2         0           200?
 *>    173.15.5.0/24  101.0.0.2         2         0           200?
 *>   173.15.15.0/24  0.0.0.0           1         0           ?
 *>    173.16.1.0/24  0.0.0.0           0         0           ?
 *>    173.16.1.2/32  0.0.0.0           0         0           ?
 *>    173.16.2.0/24  0.0.0.0           1         0           ?
 *>    173.16.3.0/24  0.0.0.0           0         0           ?
```

```
 *>    173.16.3.1/32  0.0.0.0         0         0          ?
```

```
[R3]display bgp routing-table

 BGP Local router ID is 101.0.0.2
 Status codes: * - valid, > - best, d - damped,
               h - history,  i - internal, s - suppressed, S - Stale
               Origin : i - IGP, e - EGP, ? - incomplete

 Total Number of Routes: 16
Network                 NextHop       MED     LocPrf     PrefVal Path/Ogn

 *>     101.0.0.0/24     0.0.0.0        0        0          ?
                         101.0.0.1      0        0          100?
 *>     101.0.0.2/32     0.0.0.0        0        0          ?
 *>        127.0.0.0     0.0.0.0        0        0          ?
 *>     127.0.0.1/32     0.0.0.0        0        0          ?
 *>    173.15.1.0/24     0.0.0.0        0        0          ?
 *>    173.15.1.1/32     0.0.0.0        0        0          ?
 *>    173.15.2.0/24     0.0.0.0        0        0          ?
 *>    173.15.2.1/32     0.0.0.0        0        0          ?
 *>    173.15.3.0/24     0.0.0.0        2        0          ?
 *>    173.15.4.0/24     0.0.0.0        2        0          ?
 *>    173.15.5.0/24     0.0.0.0        2        0          ?
 *>   173.15.15.0/24     101.0.0.1      1        0          100?
 *>    173.16.1.0/24     101.0.0.1      0        0          100?
 *>    173.16.2.0/24     101.0.0.1      1        0          100?
 *>    173.16.3.0/24     101.0.0.1      0        0          100?
```

（3）对 R2 和 R3 分别进行自动聚合配置。

```
[R2]bgp 100
[R2-bgp]ipv4-family unicast
[R2-bgp-af-ipv4]summary automatic

[R3]bgp 200
[R3-bgp]ipv4-family unicast
[R3-bgp-af-ipv4]summary automatic
```

再次查看 R2 的路由表：

```
[R2-bgp-af-ipv4]display bgp routing-table

 BGP Local router ID is 173.16.1.2
 Status codes: * - valid, > - best, d - damped,
               h - history,  i - internal, s - suppressed, S - Stale
               Origin : i - IGP, e - EGP, ? - incomplete

 Total Number of Routes: 15
  Network               NextHop       MED     LocPrf     PrefVal Path/Ogn
```

```
*>       101.0.0.0      127.0.0.1                  0         ?
*                       101.0.0.2                  0         200?
s>    101.0.0.0/24      0.0.0.0          0         0         ?
*>    101.0.0.1/32      0.0.0.0          0         0         ?
*>       127.0.0.0      0.0.0.0          0         0         ?
*>    127.0.0.1/32      0.0.0.0          0         0         ?
*>      173.15.0.0      127.0.0.1                  0         ?
*                       101.0.0.2                  0         200?
s>  173.15.15.0/24      0.0.0.0          1         0         ?
*>      173.16.0.0      127.0.0.1                  0         ?
s>   173.16.1.0/24      0.0.0.0          0         0         ?
*>   173.16.1.2/32      0.0.0.0          0         0         ?
s>   173.16.2.0/24      0.0.0.0          1         0         ?
s>   173.16.3.0/24      0.0.0.0          0         0         ?
*>   173.16.3.1/32      0.0.0.0          0         0         ?
```

查看 R3 的路由表：

```
[R3-bgp-af-ipv4]display bgp routing-table

 BGP Local router ID is 101.0.0.2
 Status codes: * - valid, > - best, d - damped,
               h - history,  i - internal, s - suppressed, S - Stale
               Origin : i - IGP, e - EGP, ? - incomplete

 Total Number of Routes: 16
  Network                  NextHop       MED      LocPrf     PrefVal Path/Ogn

 *>      101.0.0.0      127.0.0.1                  0         ?
 *                      101.0.0.1                  0         100?
 s>   101.0.0.0/24      0.0.0.0          0         0         ?
 *>   101.0.0.2/32      0.0.0.0          0         0         ?
 *>      127.0.0.0      0.0.0.0          0         0         ?
 *>   127.0.0.1/32      0.0.0.0          0         0         ?
 *>     173.15.0.0      127.0.0.1                  0         ?
 *                      101.0.0.1                  0         100?
 s>  173.15.1.0/24      0.0.0.0          0         0         ?
 *>  173.15.1.1/32      0.0.0.0          0         0         ?
 s>  173.15.2.0/24      0.0.0.0          0         0         ?
 *>  173.15.2.1/32      0.0.0.0          0         0         ?
 s>  173.15.3.0/24      0.0.0.0          2         0         ?
 s>  173.15.4.0/24      0.0.0.0          2         0         ?
 s>  173.15.5.0/24      0.0.0.0          2         0         ?
 *>     173.16.0.0      101.0.0.1                  0         100?
```

此时路由完成聚合。

（4）连通性测试。

PC1 到 PC4 的 ping 实验。

```
PC>ping 173.15.4.10
```

```
Ping 173.15.4.10: 32 data bytes, Press Ctrl_C to break
Request timeout!
Request timeout!
Request timeout!
Request timeout!
Request timeout!

--- 173.15.4.10 ping statistics ---
  5 packet(s) transmitted
  0 packet(s) received
  100.00% packet loss
  round-trip min/avg/max = 31/34/46 ms
```

PC1 到 PC7 的 ping 实验。

```
PC>ping 173.15.15.10

Ping 173.15.15.10: 32 data bytes, Press Ctrl_C to break
From 173.15.15.10: bytes=32 seq=1 ttl=127 time=16 ms
From 173.15.15.10: bytes=32 seq=2 ttl=127 time=15 ms
From 173.15.15.10: bytes=32 seq=3 ttl=127 time=16 ms
From 173.15.15.10: bytes=32 seq=4 ttl=127 time=15 ms
From 173.15.15.10: bytes=32 seq=5 ttl=127 time=16 ms

--- 173.15.15.10 ping statistics ---
  5 packet(s) transmitted
  5 packet(s) received
  0.00% packet loss
  round-trip min/avg/max = 15/15/16 ms
```

路由聚合后，在自治域内两台主机之间可以连通，但是 AS100 和 AS200 之间已经无法连通 173.15.0.0/24 网段。

主要是因为在 BGP 自动聚合时进行的是自然类聚合，所以在 AS100 的 173.15.6.0/24 网段与 AS200 中的 173.15.1.0/24、173.15.2.0/24、173.15.3.0/24、173.15.4.0/24 及 173.15.5.0/24 共同聚合为了一个 B 类网段地址 173.15.0.0/24。在寻址过程中无法确认到底应该从哪个接口转发，导致自治域之间无法连通。因此，在 IP 地址分配时，尤其要注意做好规划，同时，自动聚合方式在实际中较少使用。

（5）手动聚合路由。

首先取消自动路由聚合。

```
[R2]bgp 100
[R2-bgp]ipv4-family unicast
[R2-bgp-af-ipv4]undo summary automatic

[R3]bgp 200
[R3-bgp]ipv4-family unicast
[R3-bgp-af-ipv4]undo summary automatic
```

使用 aggregate 命令分别手动聚合 R2 和 R3 的路由。

AS100 中的 173.16.1.0/24、173.16.2.0/24 和 173.16.3.0/24 聚合后的地址为 173.16.0.0/22。

在 R2 上进行手动配置。

```
[R2-bgp]aggregate 173.16.0.0 255.255.252.0 detail-suppressed
```

AS200 中的 173.15.1.0/24、173.15.2.0/24、173.15.3.0/24、173.15.4.0/24 及 173.15.5.0/24 聚合后的地址为 173.15.0.0/21。在 R3 上进行手动配置。

```
[R3-bgp]aggregate 173.15.0.0 255.255.248.0 detail-suppressed
```

（6）查看 R2 和 R3 的 BGP 路由表。

```
[R2-bgp]display bgp routing-table

 BGP Local router ID is 173.16.1.2
 Status codes: * - valid, > - best, d - damped,
               h - history,  i - internal, s - suppressed, S - Stale
               Origin : i - IGP, e - EGP, ? - incomplete


 Total Number of Routes: 13
      Network            NextHop        MED      LocPrf    PrefVal Path/Ogn

 *>    101.0.0.0/24     0.0.0.0         0                   0       ?
                        101.0.0.2       0                   0      200?
 *>    101.0.0.1/32     0.0.0.0         0                   0       ?
 *>       127.0.0.0     0.0.0.0         0                   0       ?
 *>    127.0.0.1/32     0.0.0.0         0                   0       ?
 *>   173.15.0.0/21     101.0.0.2                           0      200?
 *>  173.15.15.0/24     0.0.0.0         1                   0       ?
 *>   173.16.0.0/22     127.0.0.1                           0       ?
 s>   173.16.1.0/24     0.0.0.0         0                   0       ?
 *>   173.16.1.2/32     0.0.0.0         0                   0       ?
 s>   173.16.2.0/24     0.0.0.0         1                   0       ?
 s>   173.16.3.0/24     0.0.0.0         0                   0       ?
 *>   173.16.3.1/32     0.0.0.0         0                   0       ?
```

```
[R3-bgp]display bgp routing-table

 BGP Local router ID is 101.0.0.1
 Status codes: * - valid, > - best, d - damped,
               h - history,  i - internal, s - suppressed, S - Stale
               Origin : i - IGP, e - EGP, ? - incomplete


 Total Number of Routes: 15
      Network           NextHop        MED      LocPrf    PrefVal Path/Ogn

 *>   101.0.0.0/24      0.0.0.0         0                   0       ?
                        101.0.0.1       0                   0      100?
 *>   101.0.0.2/32      0.0.0.0         0                   0       ?
 *>      127.0.0.0      0.0.0.0         0                   0       ?
 *>   127.0.0.1/32      0.0.0.0         0                   0       ?
```

```
 *>    173.15.0.0/21    127.0.0.1             0         ?
 s>    173.15.1.0/24    0.0.0.0        0      0         ?
 *>    173.15.1.1/32    0.0.0.0        0      0         ?
 s>    173.15.2.0/24    0.0.0.0        0      0         ?
 *>    173.15.2.1/32    0.0.0.0        0      0         ?
 s>    173.15.3.0/24    0.0.0.0        2      0         ?
 s>    173.15.4.0/24    0.0.0.0        2      0         ?
 s>    173.15.5.0/24    0.0.0.0        2      0         ?
 *>   173.15.15.0/24    101.0.0.1      1      0         100?
 *>    173.16.0.0/22    101.0.0.1             0         100?
```

从路由表中可以看到，R2 和 R3 仅通告给对方聚合后的路由，明细路由未通告，且173.15.15.0/24 的路由表项仍然存在。

（7）测试连通性。

PC1 向 PC4 进行 ping 实验，结果是连通的。

```
PC>ping 173.15.4.10

Ping 173.15.4.10: 32 data bytes, Press Ctrl_C to break
From 173.15.4.10: bytes=32 seq=1 ttl=124 time=31 ms
From 173.15.4.10: bytes=32 seq=2 ttl=124 time=31 ms
From 173.15.4.10: bytes=32 seq=3 ttl=124 time=32 ms
From 173.15.4.10: bytes=32 seq=4 ttl=124 time=46 ms
From 173.15.4.10: bytes=32 seq=5 ttl=124 time=32 ms

--- 173.15.4.10 ping statistics ---
  5 packet(s) transmitted
  5 packet(s) received
  0.00% packet loss
  round-trip min/avg/max = 31/34/46 ms
```

同样，PC4 向 PC7 进行 ping 实验，结果也是连通的。

```
PC>ping 173.15.15.10

Ping 173.15.15.10: 32 data bytes, Press Ctrl_C to break
From 173.15.15.10: bytes=32 seq=1 ttl=124 time=31 ms
From 173.15.15.10: bytes=32 seq=2 ttl=124 time=31 ms
From 173.15.15.10: bytes=32 seq=3 ttl=124 time=31 ms
From 173.15.15.10: bytes=32 seq=4 ttl=124 time=47 ms
From 173.15.15.10: bytes=32 seq=5 ttl=124 time=32 ms

--- 173.15.15.10 ping statistics ---
  5 packet(s) transmitted
  5 packet(s) received
  0.00% packet loss
  round-trip min/avg/max = 31/34/47 ms
```

实验 15　防火墙配置

原理描述

防火墙（Firewall）也称防护墙，是由 Check Point 创立者 Gil Shwed 于 1993 年发明并引入国际互联网。它是一种位于内部网络与外部网络之间的信息安全防护系统，依照特定的规则，允许或限制传输的数据通过。

防火墙技术是建立在网络技术和信息安全技术基础上的应用性安全技术，几乎所有企业的内部网络与外部网络（如因特网）相连接的网络边界都会配置防火墙，它是内部网络和外部网络之间的连接桥梁，同时对进出网络边界的数据进行保护，防止恶意入侵、恶意代码的传播等，保障内部网络数据的安全。例如，防火墙能够允许你“同意”的人和数据进入你的网络，同时将你“不同意”的人和数据拒之门外，最大限度地阻止网络中的黑客来访问你的网络。

但是，防火墙技术并不能保证内部网络的绝对安全。例如，它不能防范来自内部网络的攻击，对内部用户偷窃数据、破坏硬件和软件等行为无能为力，且对于有意绕过它进/出内部网络的用户或数据无法阻止，从而给系统带来威胁，如用户可以将数据复制到磁盘中带出内部网络。

实验目的

1．理解防火墙的作用和工作原理。

2．掌握防火墙的配置命令及方法。

3．区分基于端口配置的包过滤防火墙和基于安全域配置的防火墙。

实验场景

假设你是单位的网络管理员，单位总部的网络分成了 3 个区域，包括内部区域（Trust）、外部区域（Untrust）和服务器区域（DMZ）。你设计通过防火墙来实现对数据的控制，确保公司内部网络安全，并通过 DMZ 区域对外网提供服务器。

实验内容

（1）搭建防火墙安全拓扑。

（2）创建和配置防火墙安全区域。
（3）配置安全策略，部署 NAT。
（4）测试防火墙功能。

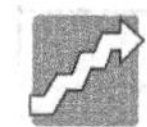

实验配置目标

（1）Trust 区域可以访问 DMZ 区域。
（2）Trust 区域可以访问 Unstrust 区域。
（3）Untrust 区域只能访问 DMZ 区域。
（4）Trust 区域可以访问防火墙，防火墙可以访问所有区域。

实验配置

1. 实验设备和网络拓扑

防火墙 USG6000V，路由器 AR2220 2 台，服务器 Server 1 台，拓扑结构如图 15-1 所示。

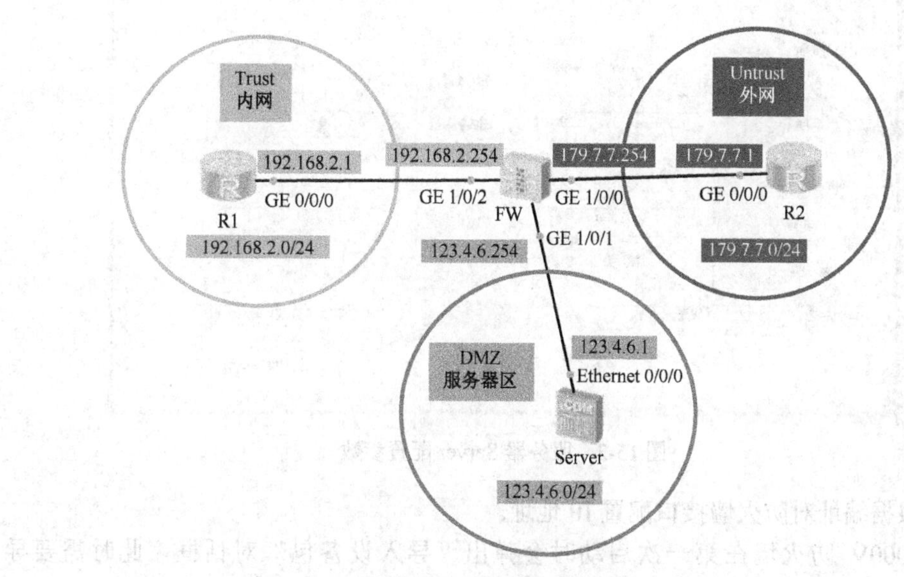

图 15-1　防火墙拓扑结构

2. 设备编址

设备接口编址如表 15-1 所示。

表 15-1　设备接口编址

设备名称	接　口	IP 地址	子网掩码	默认网关
R1（AR2220）	GE 0/0/0	192.168.2.1	255.255.255.0	—
R2（AR2220）	GE 0/0/0	179.7.7.1	255.255.255.0	—
Server	GE 0/0/0	123.4.6.1	255.255.255.0	123.4.6.254

续表

设备名称	接　口	IP 地址	子网掩码	默认网关
FW（UGS6000V）	GE 1/0/0	179.7.7.254	255.255.255.0	—
	GE 1/0/1	123.4.6.254	255.255.255.0	—
	GE 1/0/2	192.168.2.254	255.255.255.0	—

实验步骤

（1）搭建防火墙安全拓扑结构，如图 15-1 所示。

（2）启动路由器，根据编址为路由器 R1、R2 的接口配置 IP 地址。

（3）启动服务器 Server，在“基础配置”界面中为服务器接口配置 IP 地址、子网掩码及网关，如图 15-2 所示。

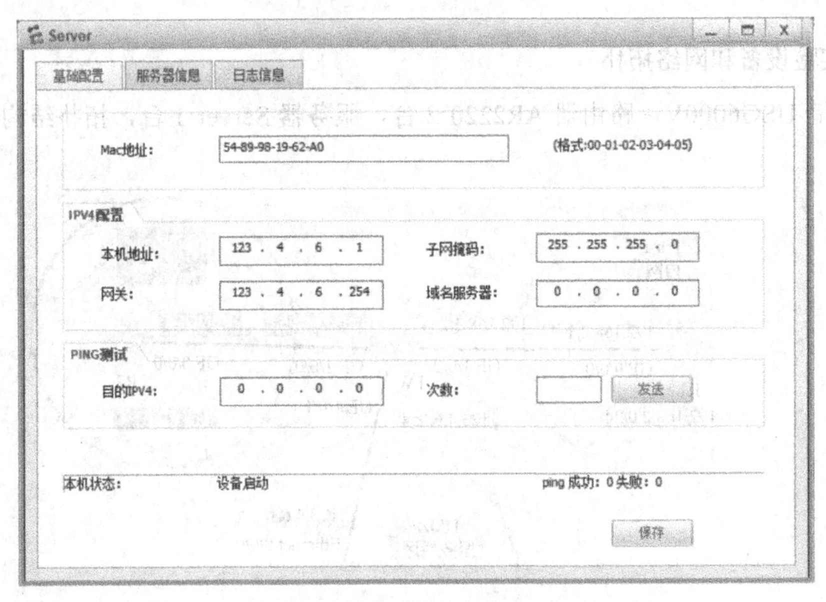

图 15-2　服务器 Server 配置参数

（4）根据编址对防火墙接口配置 IP 地址。

USG6000V 防火墙在第一次启动时会弹出“导入设备包”对话框，此时需要导入 USG6000V.zip 包，此设备包可以在网上下载，下载之后解压出来，然后导入。

第 1 步：下载并解压 USG6000V 防火墙设备包。

将 USG6000V 防火墙设备包解压至 D 盘根目录下，如图 15-3 所示，文件名为“vfw_usg.vdi”。

第 2 步：在“导入设备包”对话框的“包路径”中选择解压后的 USG6000V 防火墙设备包，并单击“导入”按钮，完成设备包的导入，如图 15-4 所示。

第 3 步：USG6000V 防火墙设备包导入完成后，需要首先开启本地计算机硬件虚拟化功能，否则可能启动失败，如图 15-5 所示。此时，需要首先检查本地计算机是否支持硬件虚拟化功能，这是使用 USG6000V 防火墙的必要条件，否则无法使用此设备。

如果 USG6000V 防火墙正常启动，请直接跳转至第 6 步。

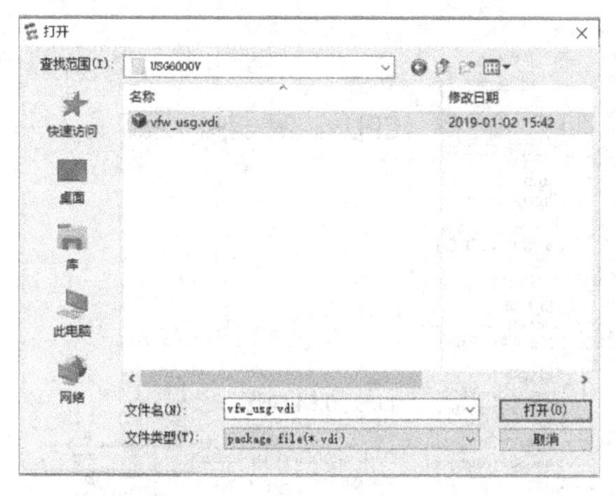

图 15-3　解压后的 USG6000V 防火墙设备包

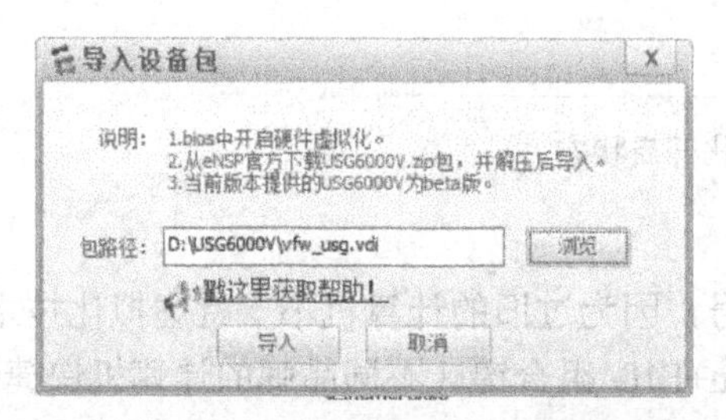

图 15-4　导入 USG6000V 防火墙设备包

图 15-5　USG6000V 防火墙启动失败

第 4 步：检查本地计算机是否支持硬件虚拟化。在命令窗口中，通过 systeminfo 命令查看计算机是否支持虚拟化，如图 15-6 所示。

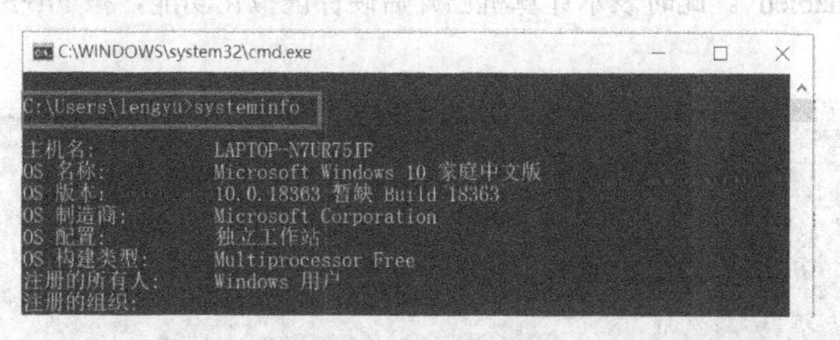

图 15-6　使用 systeminfo 命令查看计算机是否支持虚拟化

查看命令“systeminfo”的结果页，如图 15-7 所示，其中“虚拟机监视器模式扩展：是”，说明本机支持虚拟化，“固件中已启用虚拟化：否”，说明硬件虚拟化功能未启动；或者在任务管理器中的“选项”菜单中查看，“虚拟化：已禁用”，表示本机未开启硬件虚拟化功能，如图 15-8 所示。

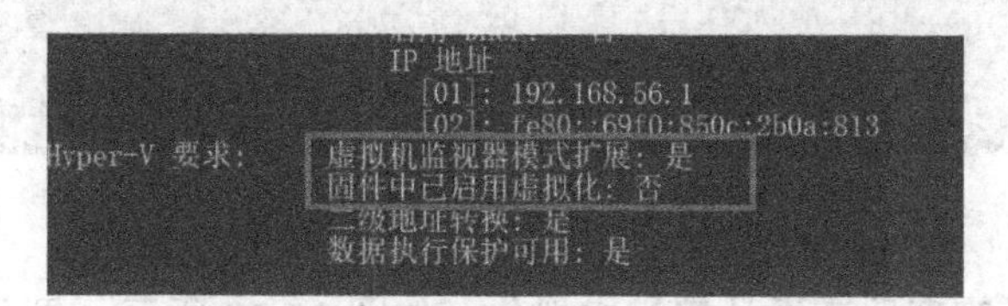

图 15-7　检查计算机是否支持硬件虚拟化

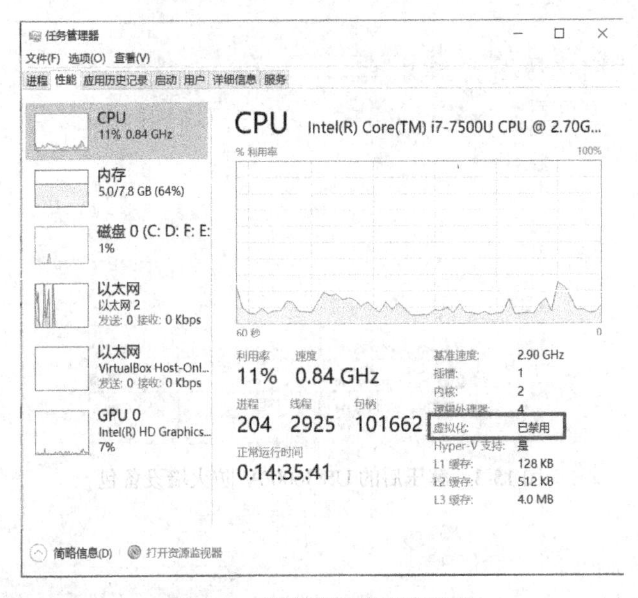

图 15-8　硬件虚拟化开启状态

第 5 步：开启本机硬件虚拟化操作。

首先，确定计算机型号和 CPU、BIOS 的型号，因为过旧的计算机不支持虚拟化技术。

其次，重启计算机，并在启动时不停地按 Fn+F10 组合键（不同品牌的计算机快捷键会有不同，请查看适合自己计算机的快捷键），进入 BIOS 界面，如图 15-9 所示。找到“Configuration”菜单项，然后选择“Inter Virtual Technology”，其值为“Disabled”，即不可用，此时，按下 Enter 键，弹出对话框，选择“Enabled”，按 Enter 键，“Inter Virtual Technology”的值变成了“Enabled”。此时表示计算机已开启硬件虚拟化功能，按 Fn+F10 组合键保存，重启计算机。

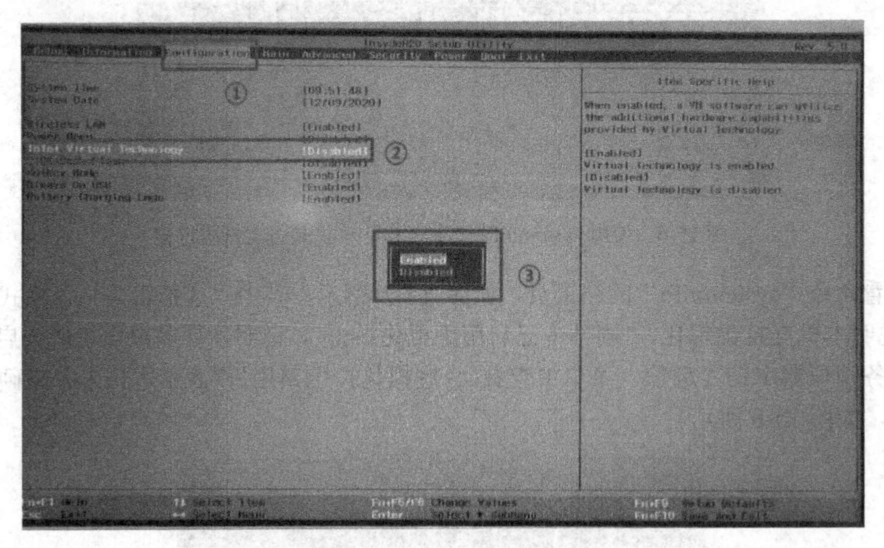

图 15-9　启动硬件虚拟化功能

最后，通过任务管理器查看计算机虚拟化，如图 15-10 所示，显示“已启用”。

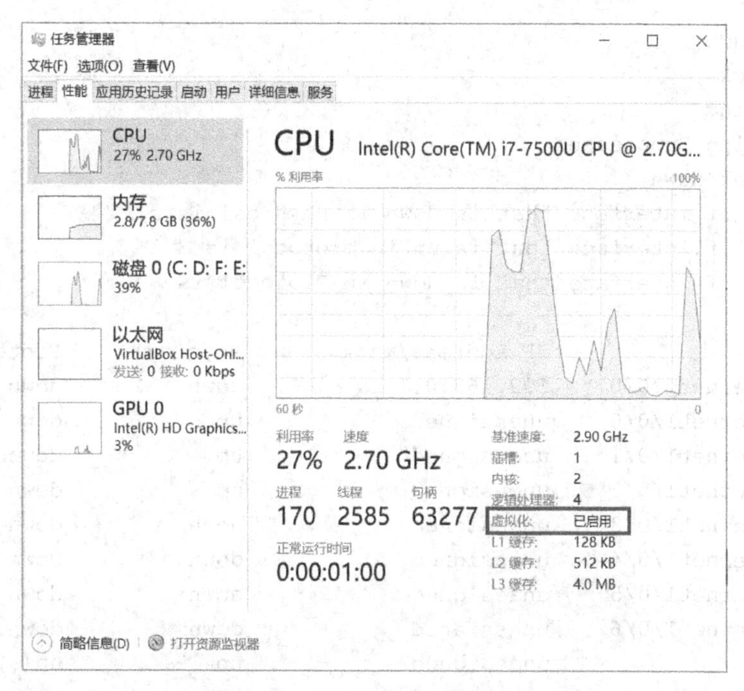

图 15-10　硬件虚拟化功能已启用

第 6 步：启动防火墙，需要输入用户名。防火墙初始用户名为 admin，密码为 Admin@123。输入密码时不显示输入内容，正确输入完毕后按 Enter 键。

```
Username:admin
Password:
The password needs to be changed. Change now? [Y/N]:
```

图 15-11　输入防火墙初始用户名和密码

第一次开启防火墙时，提示“The password needs to be changed. Change now? [Y/N]:”，需要修改密码后使用，新密码长度为 8～16 个字符。如图 15-12 所示，此处新密码设为“Abcd123456”。

```
The password needs to be changed. Change now? [Y/N]: y
Please enter old password:
Please enter new password:
Please confirm new password:

 Info: Your password has been changed. Save the change to survive a reboot.
*************************************************************************
*         Copyright (C) 2014-2018 Huawei Technologies Co., Ltd.         *
*                          All rights reserved.                         *
*               Without the owner's prior written consent,              *
*        no decompiling or reverse-engineering shall be allowed.        *
*************************************************************************


<USG6000V1>
```

图 15-12　设置防火墙新密码

第 7 步：查看防火墙配置信息。从接口信息中可以看到，接口 GE 0/0/0 为默认的管理接口，并配置了 IP 地址为 192.168.0.1/24，其他接口未设置 IP 地址。

```
[USG6000V1]dis ip int brief
2020-12-09 02:22:22.820
*down: administratively down
```

```
^down: standby
(l):loopback
(s): spoofing
(d):Dampening Suppressed
(E): E-Trunk down
The number of interface that is down in Physical is s
The number or interface that is up in protocol is 2
The number of interface that is down in Protocol is 8

Interface                IP Address/Mask       Physical      Protocol
GigabitEtherneto/0/0     192.168.0.1/24        down          down
GigabitEthernet1/0/0     unassigned            up            down
GigabitEthernet1/0/1     unassigned            up            down
GigabitEthernet1/0/2     unassigned            up            down
GigabitEthernet1/0/3     unassigned            down          down
GigabitEthernet1/0/4     unassigned            down          down
GigabitEthernet1/0/5     unassigned            down          down
GigabitEthernet1/0/6     unassianed            down          down
NULL0                    unassigned            up            up(s)
Virtual-if0              unassicned            up            up(s)
```

第 8 步：根据网络拓扑，为防火墙的其他接口设置 IP 地址。目前为止，网络设备的基本配置已完成。

```
[USG6000V1]dis ip int brief
2020-12-09 02:22:22.820
*down: administratively down
^down: standby
(l):loopback
(s): spoofing
(d):Dampening Suppressed
(E): E-Trunk down
The number of interface that is down in Physical is s
The number or interface that is up in protocol is 2
The number of interface that is down in Protocol is 8

Interface                IP Address/Mask       Physical      Protocol
GigabitEtherneto/0/0     192.168.0.1/24        down          down
GigabitEthernet1/0/0     179.7.7.254/24        up            up
GigabitEthernet1/0/1     123.4.6.254/24        up            up
GigabitEthernet1/0/2     192.168.2.254/24      up            up
GigabitEthernet1/0/3     unassigned            down          down
GigabitEthernet1/0/4     unassigned            down          down
GigabitEthernet1/0/5     unassigned            down          down
GigabitEthernet1/0/6     unassianed            down          down
NULL0                    unassigned            up            up(s)
Virtual-if0              unassicned            up            up(s)
```

（5）使用命令行终端对防火墙接口地址进行区域划分。使用 firewall zone 命令将接口 GE 1/0/2 划至 Trust 区域，接口 GE 1/0/0 划至 Untrust 区域，接口 GE 1/0/1 划至 DMZ 区域。

```
[USG6000V1]firewall zone trust
[USG6000V1-zone-turst]add int g1/0/2
[USG6000V1-zone-turst]quit

[USG6000V1]firewall zone untrust
[USG6000V1-zone-turst]add int g1/0/0
[USG6000V1-zone-turst]quit

[USG6000V1]firewall zone dmz
[USG6000V1-zone-turst]add int g1/0/1
[USG6000V1-zone-turst]quit
```

（6）实现第一个要求：Trust 区域可以访问 DMZ 区域。

第 1 步：在防火墙上建立一条 Trust 区域到 DMZ 区域的策略。

```
<USG6000V1>sys
[USG6000V1]security-policy
[USG6000V1 -policy-security]rule name trust_to_dmz
[USG6000V1 -policy-security-rule-trust_to_dmz]source-zone trust
[USG6000V1 -policy-security-rule-trust_to_dmz]destination-zone dmz
[USG6000V1 -policy-security-rule-trust_to_dmz]action permit
```

第 2 步：为 Trust 区域中的路由器 R1 配置一条默认路由，并查看路由表。

```
[R1]ip route-static 0.0.0.0 0 192.168.2.254

[R1]dis ip routing-table
 Route Flags: R- relay, D- download to fib
------------------------------------------------------------------------------
 Routing Tables: Public
        Destinations :8               Routes :8
 Destination/Mask  proto  Pre  Cost  Flags  NextHop      Interface
       0.0.0.0/0  Static  60   0     RD    192.168.2.254GigabitEthernet0/0/0
     127.0.0.0/8  Direct  0    0     D     127.0.0.1     InLoopBack0
    127.0.0.1/32  Direct  0    0     D     127.0.0.1     InLoopBack0
127.255.255.255/32 Direct 0    0     D     127.0.0.1     InLoopBack0
  192.168.2.0/24  Direct  0    0     D     192.168.2.1   GigabitEthernet0/0/0
  192.168.2.1/32  Direct  0    0     D     127.0.0.1     GigabitEthernet0/0/0
 192.168.2.255/32 Direct  0    0     D     127.0.0.1     GigabitEthernet0/0/0
255.255.255.255/32 Direct 0    0     D     127.0.0.1     InLoopBack0
```

（7）验证 Trust 区域能否访问 DMZ 区域。

防火墙的各个接口默认是禁止任何操作的，如 ping 操作、telnet 操作、http（s）操作等，使用上述操作前需要先进入防火墙的各个接口，通过 service-manage all permit 命令开启上述操作权限。

```
[USG6000V1]int g1/0/2
[USG6000V1-GigabitEthernet1/0/2]service-manage all permit
[USG6000V1-GigabitEthernet1/0/2]quit

[USG6000V1]int g1/0/0
[USG6000V1-GigabitEthernet1/0/0]service-manage all permit
```

```
[USG6000V1-GigabitEthernet1/0/0]quit

[USG6000V1]int g1/0/1
[USG6000V1-GigabitEthernet1/0/1]service-manage all permit
[USG6000V1-GigabitEthernet1/0/1]quit

[USG6000V1]return
<USG6000V1>save
The current configuration will be written to hda1:/vrpcfg.cfg.
Are you sure to continue?[Y/N]y
```

（8）开通防火墙的 ping 功能后，通过 Trust 区域的路由器 R1 验证 Trust 能否访问 DMZ 区域，即路由器 R1　ping　DMZ 区域中服务器的 IP 地址是“123.4.6.1”，结果是“可以访问”。

```
[R1]ping 123.4.6.1
PING 123.4.6.1: 56 data bytes, Press Ctrl_C to break
Request time out
Reply from 123.4.6.1: bytes=56 sequence=2 ttl=254 time=60 ms
Reply from 123.4.6.1: bytes=56 sequence=3 ttl=254 time=30 ms
Reply from 123.4.6.1: bytes=56 sequence=4 ttl=254 time=10 ms
Reply from 123.4.6.1: bytes=56 sequence=5 ttl=254 time=20 ms

--- 123.4.6.1 ping statistics ---
  5 packet(s) transmitted
  4 packet(s) received
  20.00% packet loss
  round-trip min/avg/max = 10/30/60 ms
```

（9）实现第二个要求：Trust 区域可以访问 Untrust 区域。

第 1 步：需要一条 Trust 区域到 Untrust 区域的策略。

```
<USG6000V1>sys
[USG6000V1]security-policy
[USG6000V1 -policy-security]rule name trust_to_untrust
[USG6000V1 -policy-security-trust_to_untrust]source-zone trust
[USG6000V1 -policy-security-trust_to_untrust]destination-zone untrust
[USG6000V1 -policy-security-trust_to_untrust]action permit
```

第 2 步：因为 Untrust 是外网，不会接受内网 192.168.2.1 的数据包，所以需要做一个 NAT 源地址转换。

```
[USG6000V1]nat-policy
[USG6000V1 -policy-nat]rule name trust_nat_untrust
[USG6000V1 -policy-nat-rule-trust_nat_untrust]source-zone trust
[USG6000V1 -policy-nat-rule-trust_nat_untrust]egress-interface g1/0/0
[USG6000V1 -policy-nat-rule-trust_nat_untrust]action nat easy-ip
```

（10）验证 Trust 区域能否访问 Untrust 区域。

借助 ping 命令测试 Trust 区域中路由器 R1 到 Untrust 区域中路由器 R2 的连通性，结果表明可以正常访问。

```
[R1]ping 179.7.7.1
PING 179.7.7.1: 56 data bytes, Press Ctrl_C to break
Reply from 179.7.7.1: bytes=56 sequence=1 ttl=255 time=70 ms
```

```
Reply from 179.7.7.1: bytes=56 sequence=2 ttl=255 time=30 ms
Reply from 179.7.7.1: bytes=56 sequence=3 ttl=255 time=10 ms
Reply from 179.7.7.1: bytes=56 sequence=4 ttl=255 time=10 ms
Reply from 179.7.7.1: bytes=56 sequence=5 ttl=255 time=10 ms

--- 179.7.7.1 ping statistics ---
  5 packet(s) transmitted
  5 packet(s) received
  0.00% packet loss
  round-trip min/avg/max = 10/26/70 ms
```

（11）完成第三个要求：Untrust 区域可以访问 DMZ 区域。具体操作方法与上述描述相近。

第 1 步：配置 Untrust 区域到 DMZ 区域的策略。

```
[USG6000V1]security-policy
[USG6000V1 -policy-security]rule name untrust_to_dmz
[USG6000V1 -policy-security-rule-untrust_to_dmz]source-zone untrust
[USG6000V1 -policy-security-rule-untrust_to_dmz]destionation-zone dmz
[USG6000V1 -policy-security-rule-untrust_to_dmz]action permit
```

第 2 步：为 Untrust 区域中的路由器 R2 设置静态默认路由。

```
[R2]ip route-static 0.0.0.0 0 179.7.7.254

[R2]dis ip routing-table
 Route Flags: R- relay, D- download to fib
------------------------------------------------------------------------------
 Routing Tables: Public
         Destinations :8            Routes :8
 Destination/Mask  proto  Pre  Cost  Flags  NextHop      Interface
         0.0.0.0/0 Static 60   0     RD     179.7.7.254  GigabitEthernet0/0/0
       127.0.0.0/8 Direct 0    0     D      127.0.0.1    InLoopBack0
      127.0.0.1/32 Direct 0    0     D      127.0.0.1    InLoopBack0
127.255.255.255/32 Direct 0    0     D      127.0.0.1    InLoopBack0
      179.7.7.0/24 Direct 0    0     D      179.7.7.1    GigabitEthernet0/0/0
      179.7.7.1/32 Direct 0    0     D      127.0.0.1    GigabitEthernet0/0/0
    179.7.7.255/32 Direct 0    0     D      127.0.0.1    GigabitEthernet0/0/0
255.255.255.255/32 Direct 0    0     D      127.0.0.1    InLoopBack0
```

（12）验证 Untrust 区域能否访问 DMZ 区域。Untrust 区域中的路由器 R2 访问 DMZ 区域中服务器的 IP 地址，结果表明 Untrust 区域能访问 DMZ 区域。

```
[R2]ping 123.4.6.1
PING 123.4.6.1: 56 data bytes, Press Ctrl_C to break
Reply from 123.4.6.1: bytes=56 sequence=1 ttl=254 time=130 ms
Reply from 123.4.6.1: bytes=56 sequence=2 ttl=254 time=10 ms
Reply from 123.4.6.1: bytes=56 sequence=3 ttl=254 time=20 ms
Reply from 123.4.6.1: bytes=56 sequence=4 ttl=254 time=20 ms
Reply from 123.4.6.1: bytes=56 sequence=5 ttl=254 time=10 ms

--- 123.4.6.1 ping statistics ---
```

```
  5 packet(s) transmitted
  5 packet(s) received
  0.00% packet loss
  round-trip min/avg/max = 10/38/130 ms
```

（13）完成最后一个要求：Trust 区域可以访问防火墙，防火墙可以访问所有区域。要使得 Trust 能访问防火墙，防火墙能访问所有区域只需要一条策略允许即可。

```
[USG6000V1]security-policy
[USG6000V1 -policy-security]rule name local_to_any
[USG6000V1 -policy-security-rule-local_to_any]source-zone local
[USG6000V1 -policy-security-rule-local_to_any]destination-zone any
[USG6000V1 -policy-security-rule-local_to_any]action permit
```

（14）验证 Trust 区域能够访问防火墙。结果显示 Trust 区域能够访问防火墙。同样，防火墙也能够访问 Trust 区域、Untrust 区域和 DMZ 区域。

路由器 R1 访问防火墙的结果：

```
[R1]ping 192.168.2.254
PING 192.168.2.254: 56 data bytes, Press Ctrl_C to break
Reply from 192.168.2.254: bytes=56 sequence=1 ttl=255 time=70 ms
Reply from 192.168.2.254: bytes=56 sequence=2 ttl=255 time=20 ms
Reply from 192.168.2.254: bytes=56 sequence=3 ttl=255 time=20 ms
Reply from 192.168.2.254: bytes=56 sequence=4 ttl=255 time=10 ms
Reply from 192.168.2.254: bytes=56 sequence=5 ttl=255 time=10 ms

--- 192.168.2.254 ping statistics ---
  5 packet(s) transmitted
  5 packet(s) received
  0.00% packet loss
  round-trip min/avg/max = 10/26/70 ms
```

防火墙访问 Trust 区域的结果：

```
[USG6000V1]ping 179.7.7.1
PING 179.7.7.1: 56 data bytes, Press Ctrl_C to break
Reply from 179.7.7.1: bytes=56 sequence=1 ttl=255 time=9 ms
Reply from 179.7.7.1: bytes=56 sequence=2 ttl=255 time=14 ms
Reply from 179.7.7.1: bytes=56 sequence=3 ttl=255 time=17 ms
Reply from 179.7.7.1: bytes=56 sequence=4 ttl=255 time=15 ms
Reply from 179.7.7.1: bytes=56 sequence=5 ttl=255 time=5 ms

--- 179.7.7.1 ping statistics ---
  5 packet(s) transmitted
  5 packet(s) received
  0.00% packet loss
  round-trip min/avg/max = 5/12/17 ms
```

防火墙访问 Untrust 区域的结果：

```
[USG6000V1]ping 123.4.6.1
PING 123.4.6.1: 56 data bytes, Press Ctrl_C to break
Reply from 123.4.6.1: bytes=56 sequence=1 ttl=255 time=2 ms
Reply from 123.4.6.1: bytes=56 sequence=2 ttl=255 time=2 ms
```

```
Reply from 123.4.6.1: bytes=56 sequence=3 ttl=255 time=2 ms
Reply from 123.4.6.1: bytes=56 sequence=4 ttl=255 time=3 ms
Reply from 123.4.6.1: bytes=56 sequence=5 ttl=255 time=3 ms

--- 123.4.6.1 ping statistics ---
  5 packet(s) transmitted
  5 packet(s) received
  0.00% packet loss
  round-trip min/avg/max = 2/2/3 ms
```

防火墙访问 DMZ 区域的结果：

```
[USG6000V1]ping 192.168.2.1
PING 192.168.2.1: 56 data bytes, Press Ctrl_C to break
Reply from 192.168.2.1: bytes=56 sequence=1 ttl=255 time=11 ms
Reply from 192.168.2.1: bytes=56 sequence=2 ttl=255 time=14 ms
Reply from 192.168.2.1: bytes=56 sequence=3 ttl=255 time=8 ms
Reply from 192.168.2.1: bytes=56 sequence=4 ttl=255 time=27 ms
Reply from 192.168.2.1: bytes=56 sequence=5 ttl=255 time=15 ms

--- 192.168.2.1 ping statistics ---
  5 packet(s) transmitted
  5 packet(s) received
  0.00% packet loss
  round-trip min/avg/max = 8/15/27 ms
```

（15）验证 Untrust 无法访问 Trust 区域。结果显示受防火墙的策略限制，Untrust 区域的数据包无法通过防火墙到达 Trust 区域，从而实现了防火墙隔离效果。

```
[R2]ping 192.168.2.1
PING 192.168.2.1: 56 data bytes, Press Ctrl_C to break
Request time out
Request time out
Request time out
Request time out
Request time out

--- 192.168.2.1 ping statistics ---
  5 packet(s) transmitted
  0 packet(s) received
  100.00% packet loss
```

实验 16　综合组网实验

实验目的

综合利用 VLAN、RIP、OSPF 和 BGP 等配置方法，完成综合组网实验，并使用常见命令进行故障排查，最终实现网络连通。

实验内容

某学校在南京、石家庄、重庆均有校区，其中南京校区又划分为秦淮校区、玄武校区、江宁校区、仙林校区和鼓楼校区。综合组网实验网络拓扑示意图如图 16-1 所示。

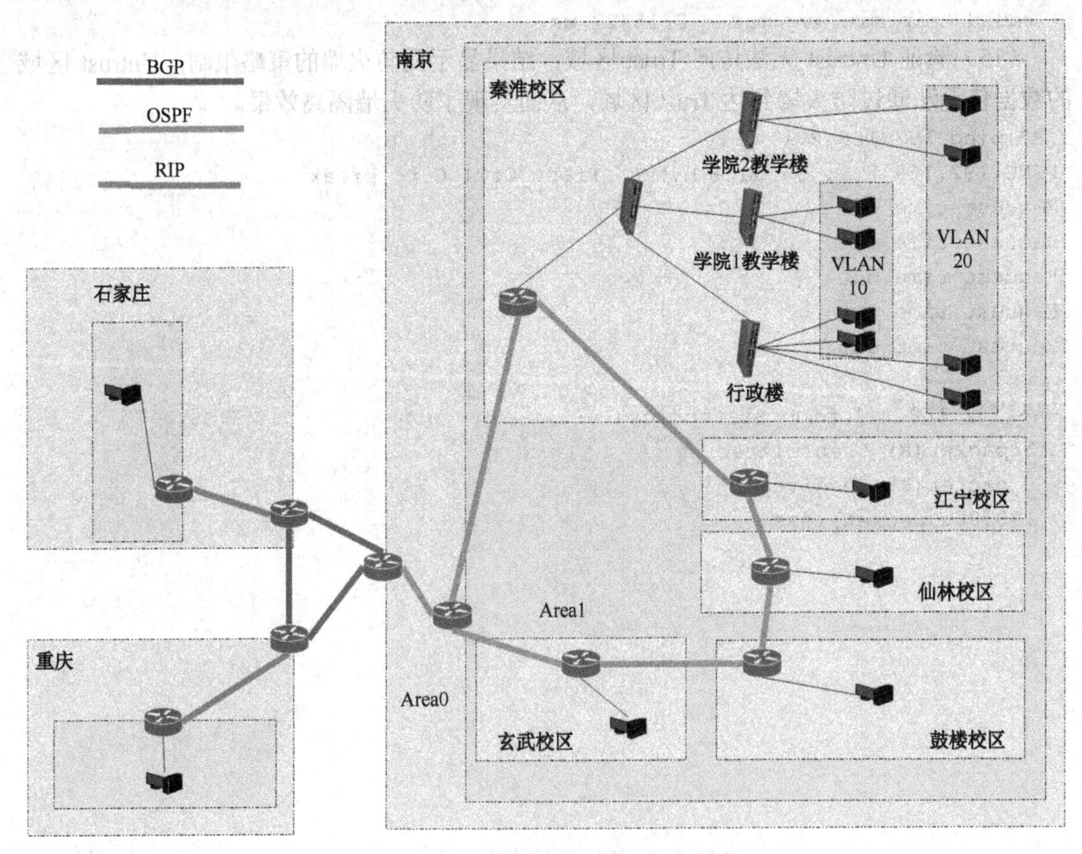

图 16-1　综合组网实验网络拓扑示意图

具体要求如下。

（1）南京校区采用 OSPF 协议。

（2）石家庄校区和重庆校区分别采用 RIP 协议。

（3）边界网关路由器间采用 BGP 协议完成连接。

（4）秦淮校区使用交换机设置两个 VLAN，实现 VLAN 间路由。

子网划分要求如表 16-1 所示。

表 16-1 子网划分要求

南京校区地址块	26.29.0.0/16 其中： 秦淮校区需求：3000 鼓楼校区需求：3000 玄武校区需求：3000 仙林校区需求：1000 江宁校区需求：500
石家庄校区地址块	23.104.0.0/16
重庆校区地址块	28.53.0.0/16

实验配置

1. 实验设备

AR2220 路由器 11 台，S5700 交换机 1 台，S3700 交换机 3 台，PC 14 台。

2. 网络拓扑

综合组网实验网络拓扑结构如图 16-2 所示。

3. 编址配置

设备编址配置表如表 16-2 所示。

表 16-2 设备编址配置表

设备名称	接口	IP 地址	子网掩码	默认网关
R1 （AR2220）	GE 0/0/0	26.29.54.25	255.255.255.252	—
	GE 0/0/1	24.1.1.1	255.255.255.0	—
	GE 0/0/2	24.1.2.1	255.255.255.0	—
R2 （AR2220）	GE 0/0/0	26.29.54.26	255.255.255.252	—
	GE 0/0/1	26.29.54.21	255.255.255.252	—
	GE 0/0/2	26.29.54.17	255.255.255.252	—
Rqh （秦淮校区 AR2220）	GE 0/0/0	26.29.54.22	255.255.255.252	—
	GE 0/0/1	26.29.54.1	255.255.255.252	—
	GE 0/0/2	26.29.0.1	255.255.255.0	—
Rjn （江宁校区 AR2220）	GE 0/0/0	26.29.54.2	255.255.255.252	—
	GE 0/0/1	26.29.54.5	255.255.255.252	—
	GE 0/0/2	26.29.52.1	255.255.254.0	—

续表

设备名称	接口	IP 地址	子网掩码	默认网关
Rxl（仙林校区 AR2220）	GE 0/0/0	26.29.54.6	255.255.255.252	—
	GE 0/0/1	26.29.54.9	255.255.255.252	—
	GE 0/0/2	26.29.48.1	255.255.252.0	—
Rgl（鼓楼校区 AR2220）	GE 0/0/0	26.29.54.10	255.255.255.252	—
	GE 0/0/1	26.29.54.13	255.255.255.252	—
	GE 0/0/2	26.29.16.1	255.255.240.0	—
Rxw（玄武校区 AR2220）	GE 0/0/0	26.29.54.18	255.255.255.252	—
	GE 0/0/1	26.29.54.14	255.255.255.252	—
	GE 0/0/2	26.29.32.1	255.255.240.0	—
Rs1（石家庄校区 AR2220）	GE 0/0/0	23.104.1.1	255.255.255.0	—
	GE 0/0/1	23.104.0.1	255.255.255.0	—
Rs2（石家庄校区 AR2220）	GE 0/0/0	24.1.1.2	255.255.255.0	—
	GE 0/0/1	24.1.3.1	255.255.255.0	—
	GE 0/0/2	23.104.1.2	255.255.255.0	—
Rc1（重庆校区 AR2220）	GE 0/0/0	28.53.1.2	255.255.255.0	—
	GE 0/0/1	28.53.0.1	255.255.255.0	—
Rc2（重庆校区 AR2220）	GE 0/0/0	24.1.2.2	255.255.255.0	—
	GE 0/0/1	24.1.3.2	255.255.255.0	—
	GE 0/0/2	28.53.1.1	255.255.255.0	—
PC1	Ethernet 0/0/1	26.29.1.1	255.255.255.0	26.29.1.254
PC2	Ethernet 0/0/1	26.29.1.2	255.255.255.0	26.29.1.254
PC3	Ethernet 0/0/1	26.29.1.3	255.255.255.0	26.29.1.254
PC4	Ethernet 0/0/1	26.29.1.4	255.255.255.0	26.29.1.254
PC5	Ethernet 0/0/1	26.29.2.1	255.255.255.0	26.29.2.254
PC6	Ethernet 0/0/1	26.29.2.2	255.255.255.0	26.29.2.254
PC7	Ethernet 0/0/1	26.29.2.3	255.255.255.0	26.29.2.254
PC8	Ethernet 0/0/1	26.29.2.4	255.255.255.0	26.29.2.254
PC9	Ethernet 0/0/1	26.29.52.10	255.255.254.0	26.29.52.1
PC10	Ethernet 0/0/1	26.29.48.10	255.255.252.0	26.29.48.1
PC11	Ethernet 0/0/1	26.29.16.10	255.255.240.0	26.29.16.1
PC12	Ethernet 0/0/1	26.29.32.10	255.255.240.0	26.29.32.1
PC13	Ethernet 0/0/1	28.53.0.10	255.255.255.0	28.53.0.1
PC14	Ethernet 0/0/1	23.104.0.10	255.255.255.0	23.104.0.1

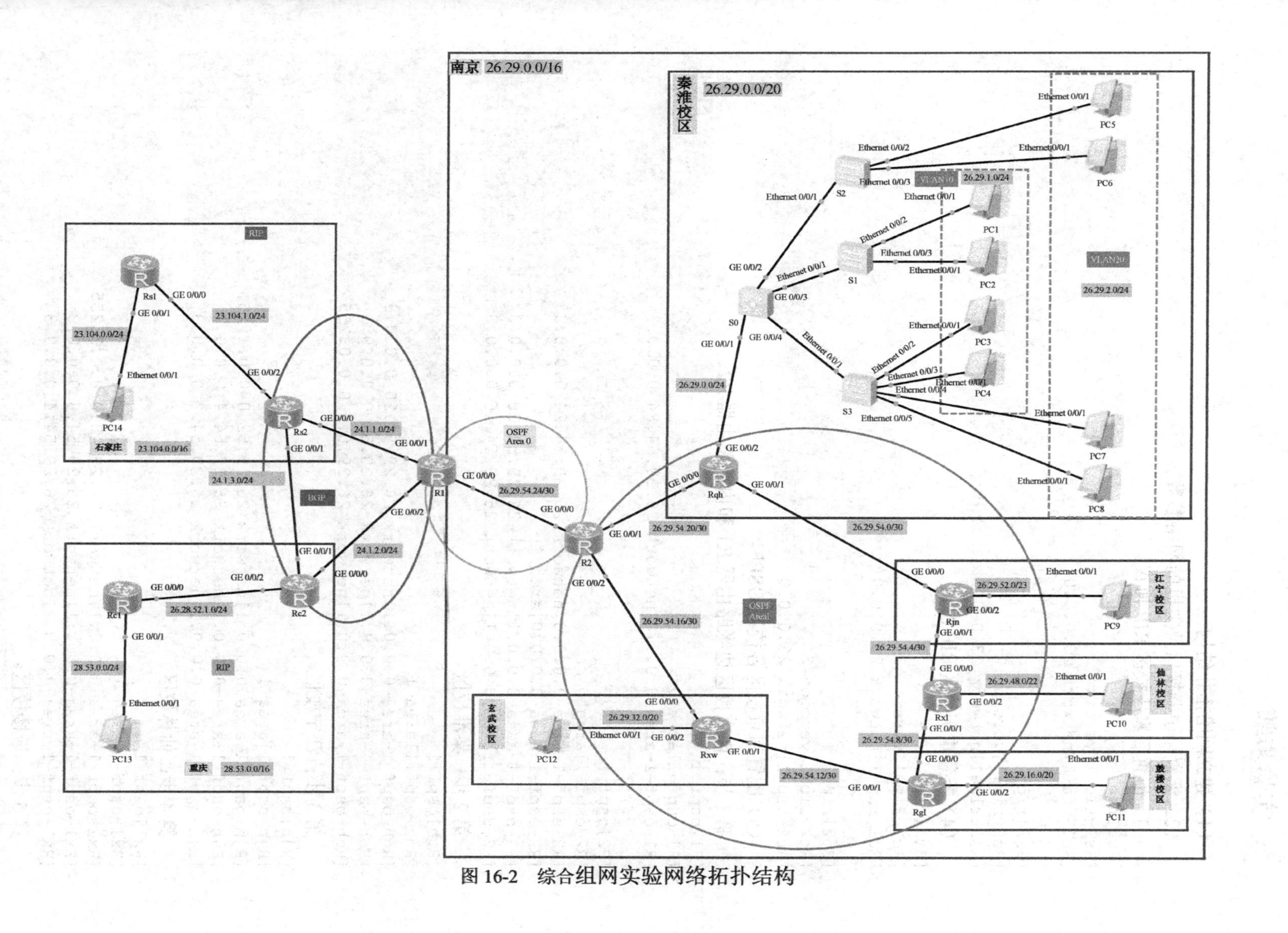

图 16-2　综合组网实验网络拓扑结构

实验步骤

（1）建立网络拓扑结构。

（2）配置路由器接口及主机的网络参数。

（3）配置石家庄校区 RIP 协议。

```
[Rs1]rip
[Rs1-rip-1]version 2
[Rs1-rip-1]network 23.0.0.0

[Rs2]rip
[Rs2-rip-1]version 2
[Rs2-rip-1]network 23.0.0.0
```

（4）配置重庆校区 RIP 协议。

```
[Rc1]rip
[Rc1-rip-1]version 2
[Rc1-rip-1]network 28.0.0.0

[Rc2]rip
[Rc2-rip-1]version 2
[Rc2-rip-1]network 28.0.0.0
```

（5）配置南京校区各校区 OSPF。

第 1 步：南京校区边缘路由器 R1 和内部路由器 R2。

```
[R1]ospf 1
[R1-ospf-1]area 0
[R1-ospf-1-area-0.0.0.0]network 26.29.54.24 0.0.0.3

[R2]ospf 1
[R2-ospf-1]area 0
[R2-ospf-1-area-0.0.0.0]network 26.29.54.24 0.0.0.3
[R2-ospf-1-area-0.0.0.0]area 1
[R2-ospf-1-area-0.0.0.1]network 26.29.54.20 0.0.0.3
[R2-ospf-1-area-0.0.0.1]network 26.29.54.16 0.0.0.3
```

第 2 步：秦淮校区。

```
[Rqh]ospf 1
[Rqh-ospf-1]area 1
[Rqh-ospf-1-area-0.0.0.1]network 26.29.54.20 0.0.0.3
[Rqh-ospf-1-area-0.0.0.1]network 26.29.54.0 0.0.0.3
[Rqh-ospf-1-area-0.0.0.1]network 26.29.0.0 0.0.0.255
```

第 3 步：江宁校区。

```
[Rjn]ospf 1
[Rjn-ospf-1]area 1
[Rjn-ospf-1-area-0.0.0.1]network 26.29.52.0 0.0.1.255
[Rjn-ospf-1-area-0.0.0.1]network 26.29.54.4 0.0.0.3
[Rjn-ospf-1-area-0.0.0.1]network 26.29.54.0 0.0.0.3
```

第 4 步：仙林校区。

```
[Rxl]ospf 1
[Rxl-ospf-1]area 1
[Rxl-ospf-1-area-0.0.0.1]network 26.29.48.0 0.0.3.255
[Rxl-ospf-1-area-0.0.0.1]network 26.29.54.8 0.0.0.3
[Rxl-ospf-1-area-0.0.0.1]network 26.29.54.4 0.0.0.3
```

第 5 步：鼓楼校区。

```
[Rgl]ospf 1
```

```
[Rgl-ospf-1]area 1
[Rgl-ospf-1-area-0.0.0.1]network 26.29.16.0 0.0.15.255
[Rgl-ospf-1-area-0.0.0.1]network 26.29.54.12 0.0.0.3
[Rgl-ospf-1-area-0.0.0.1]network 26.29.54.8 0.0.0.3
```

第 6 步：玄武校区。

```
[Rxw]ospf 1
[Rxw-ospf-1]area 1
[Rxw-ospf-1-area-0.0.0.1]network 26.29.32.0 0.0.15.255
[Rxw-ospf-1-area-0.0.0.1]network 26.29.54.12 0.0.0.3
[Rxw-ospf-1-area-0.0.0.1]network 26.29.54.16 0.0.0.3
```

第 7 步：查看路由表，OSPF 添加完成。

```
<R1>disp ospf routing

    OSPF Process 1 with Router ID 26.29.54.25
         Routing Tables

 Routing for Network
 Destination        Cost  Type          NextHop         AdvRouter       Area
 26.29.54.24/30     1     Transit       26.29.54.25     26.29.54.25     0.0.0.0
   26.29.0.0/24     3     Inter-area    26.29.54.26     26.29.54.26     0.0.0.0
  26.29.16.0/20     4     Inter-area    26.29.54.26     26.29.54.26     0.0.0.0
  26.29.32.0/20     3     Inter-area    26.29.54.26     26.29.54.26     0.0.0.0
  26.29.48.0/22     5     Inter-area    26.29.54.26     26.29.54.26     0.0.0.0
  26.29.52.0/23     4     Inter-area    26.29.54.26     26.29.54.26     0.0.0.0
  26.29.54.0/30     3     Inter-area    26.29.54.26     26.29.54.26     0.0.0.0
  26.29.54.4/30     4     Inter-area    26.29.54.26     26.29.54.26     0.0.0.0
  26.29.54.8/30     4     Inter-area    26.29.54.26     26.29.54.26     0.0.0.0
 26.29.54.12/30     3     Inter-area    26.29.54.26     26.29.54.26     0.0.0.0
 26.29.54.16/30     2     Inter-area    26.29.54.26     26.29.54.26     0.0.0.0
 26.29.54.20/30     2     Inter-area    26.29.54.26     26.29.54.26     0.0.0.0

 Total Nets: 12
 Intra Area: 1  Inter Area: 11  ASE: 0  NSSA: 0
```

配置完毕后验证南京不同校区主机之间的连通性，可以发现主机之间都可以连通（秦淮校区内主机除外），说明 OSPF 协议配置完成，如图 16-3 所示。

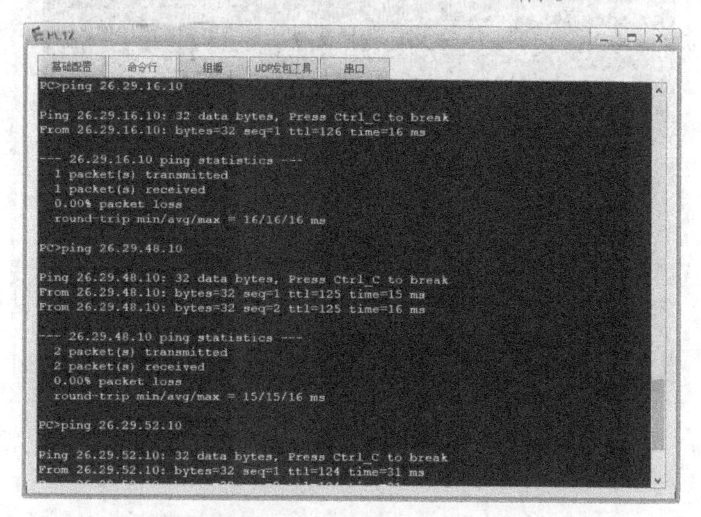

图 16-3　玄武校区 ping 鼓楼校区、仙林校区、江宁校区

（6）配置 BGP 协议。

第 1 步：配置南京 R1 路由器。

```
[R1]bgp 100
[R1-bgp]peer 24.1.1.2 as-number 200
[R1-bgp]peer 24.1.2.2 as-number 300
[R1-bgp]import-route ospf 1
[R1-bgp]quit
[R1]ospf 1
[R1-ospf-1]import-route bgp
```

第 2 步：配置石家庄 Rs2 路由器。

```
[Rs2]bgp 200
[Rs2-bgp]peer 24.1.1.1 as-number 100
[Rs2-bgp]peer 24.1.3.2 as-number 300
[Rs2-bgp]import-route rip 1
[Rs2-bgp]quit
[Rs2]rip 1
[Rs2-rip-1]import-route bgp
```

第 3 步：配置重庆 Rc2 路由器。

```
[Rc2]bgp 300
[Rc2-bgp]peer 24.1.2.1 as-number 100
[Rc2-bgp]peer 24.1.3.1 as-number 200
[Rc2-bgp]import-route rip 1
[Rc2-bgp]quit
[Rc2]rip 1
[Rc2-rip-1]import-route bgp
```

第 4 步：配置完成后验证不同校区主机之间的连通性，可以发现 3 个校区的主机之间都可以连通，说明 BGP 协议配置完成，如图 16-4 和图 16-5 所示。

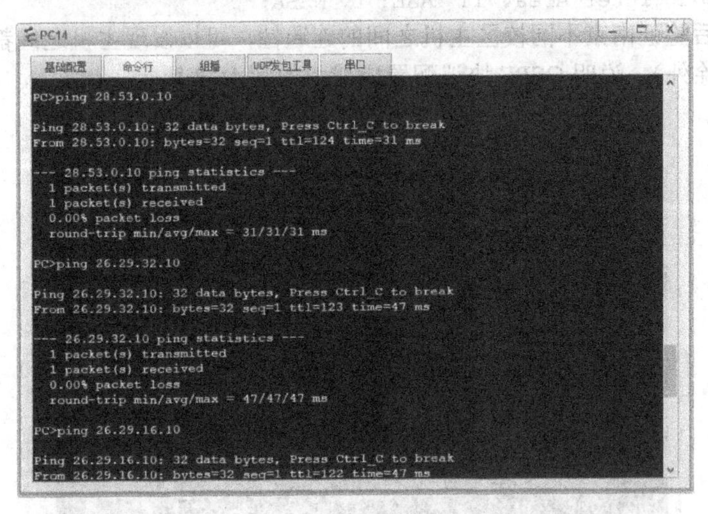

图 16-4　石家庄校区 ping 重庆校区、南京玄武校区和鼓楼校区

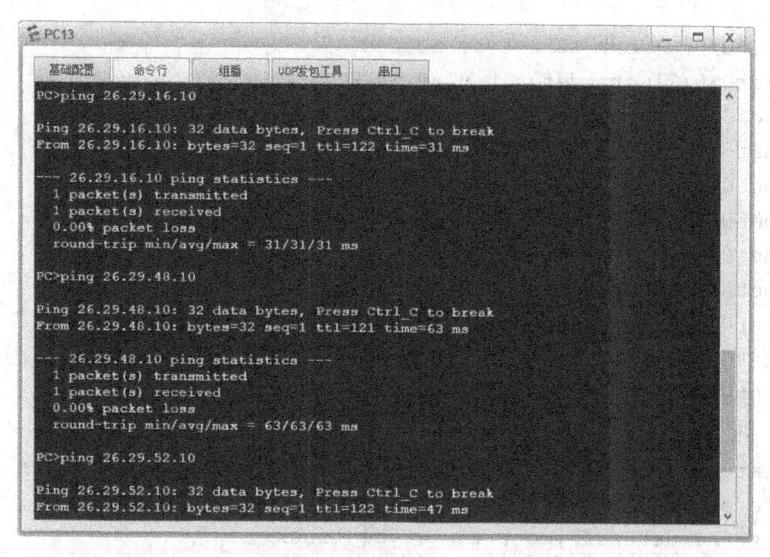

图 16-5　重庆校区 ping 鼓楼校区、仙林校区和江宁校区

（7）配置秦淮校区的 VLAN。

第 1 步：配置交换机 S1。

```
[S1]vlan 10
[S1-vlan10]interface Ethernet 0/0/2
[S1-Ethernet0/0/2]port link-type access
[S1-Ethernet0/0/2]port default vlan 10
[S1-Ethernet0/0/2]interface Ethernet 0/0/3
[S1-Ethernet0/0/3]port link-type access
[S1-Ethernet0/0/3]port default vlan 10
[S1-Ethernet0/0/3]interface Ethernet0/0/1
[S1-Ethernet0/0/1]port link-type trunk
[S1-Ethernet0/0/1]port trunk allow-pass vlan 10
```

第 2 步：配置交换机 S2。

```
[S2]vlan 20
[S2-vlan20] interface Ethernet0/0/1
[S2-Ethernet0/0/1]port link-type trunk
[S2-Ethernet0/0/1]port trunk allow-pass vlan 20
[S2-Ethernet0/0/1]interface Ethernet0/0/2
[S2-Ethernet0/0/2]port link-type access
[S2-Ethernet0/0/2]port default vlan 20
[S2-Ethernet0/0/2]interface Ethernet0/0/3
[S2-Ethernet0/0/3]port link-type access
[S2-Ethernet0/0/3]port default vlan 20
```

第 3 步：配置交换机 S3。

```
[S3]vlan batch 10 20
[S3]interface Ethernet0/0/1
[S3-Ethernet0/0/1]port link-type trunk
[S3-Ethernet0/0/1]port trunk allow-pass vlan 10
[S3-Ethernet0/0/1]port trunk allow-pass vlan 20
[S3-Ethernet0/0/1]interface Ethernet0/0/2
```

```
[S3-Ethernet0/0/2]port link-type access
[S3-Ethernet0/0/2]port default vlan 10
[S3-Ethernet0/0/1]interface Ethernet0/0/3
[S3-Ethernet0/0/3]port link-type access
[S3-Ethernet0/0/3]port default vlan 10
[S3-Ethernet0/0/1]interface Ethernet0/0/4
[S3-Ethernet0/0/4]port link-type access
[S3-Ethernet0/0/4]port default vlan 20
[S3-Ethernet0/0/1]interface Ethernet0/0/5
[S3-Ethernet0/0/5]port link-type access
[S3-Ethernet0/0/5]port default vlan 20
```

第 4 步：配置交换机 S0。

```
[S0]vlan batch 10 20
[S0]interface GigabitEthernet 0/0/2
[S0-GigabitEthernet0/0/2]port link-type trunk
[S0-GigabitEthernet0/0/2]port trunk allow-pass vlan 20
[S0-GigabitEthernet0/0/2]interface GigabitEthernet 0/0/3
[S0-GigabitEthernet0/0/3]port link-type trunk
[S0-GigabitEthernet0/0/3]port trunk allow-pass vlan 10
[S0-GigabitEthernet0/0/3]interface GigabitEthernet 0/0/4
[S0-GigabitEthernet0/0/4]port link-type trunk
[S0-GigabitEthernet0/0/4]port trunk allow-pass vlan 10
[S0-GigabitEthernet0/0/4]port trunk allow-pass vlan 20
```

配置完成后，可通过 ping 命令验证主机 PC1～PC8 之间的连通性，可以发现同属一个 VLAN 的主机之间（如 PC5 和 PC8）可以互相连通，而属于不同 VLAN 的主机之间（如 PC5 和 PC1）则不能连通，如图 16-6 和图 16-7 所示。

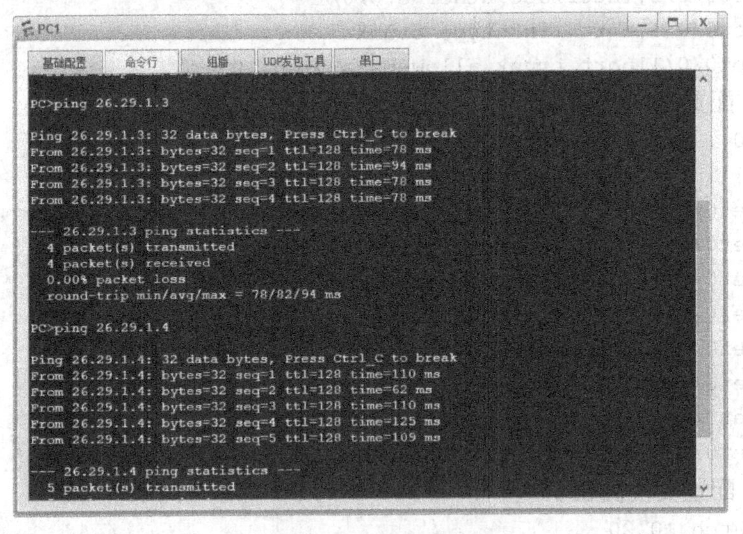

图 16-6　VLAN 10 内部可通

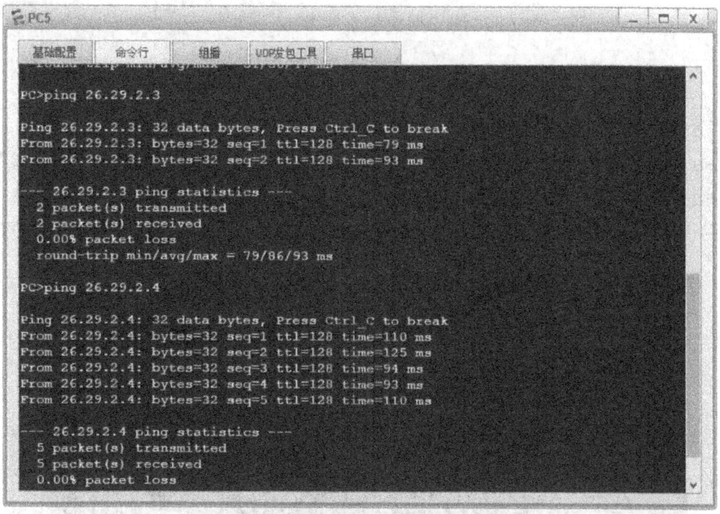

PC5

基础配置　命令行　组播　UDP发包工具　串口

```
PC>ping 26.29.2.3

Ping 26.29.2.3: 32 data bytes, Press Ctrl_C to break
From 26.29.2.3: bytes=32 seq=1 ttl=128 time=79 ms
From 26.29.2.3: bytes=32 seq=2 ttl=128 time=93 ms

--- 26.29.2.3 ping statistics ---
  2 packet(s) transmitted
  2 packet(s) received
  0.00% packet loss
  round-trip min/avg/max = 79/86/93 ms

PC>ping 26.29.2.4

Ping 26.29.2.4: 32 data bytes, Press Ctrl_C to break
From 26.29.2.4: bytes=32 seq=1 ttl=128 time=110 ms
From 26.29.2.4: bytes=32 seq=2 ttl=128 time=125 ms
From 26.29.2.4: bytes=32 seq=3 ttl=128 time=94 ms
From 26.29.2.4: bytes=32 seq=4 ttl=128 time=93 ms
From 26.29.2.4: bytes=32 seq=5 ttl=128 time=110 ms

--- 26.29.2.4 ping statistics ---
  5 packet(s) transmitted
  5 packet(s) received
  0.00% packet loss
```

图 16-7　VLAN 20 内部可通

第 5 步：配置秦淮校区的三层交换机。

添加 VLANIF 接口地址，如表 16-3 所示。

表 16-3　VLANIF 接口地址

设备名称	接　口	IP 地址	子网掩码	默认网关
S0 (S5700)	VLANIF 10	26.29.1.254	255.255.255.0	—
	VLANIF 20	26.29.2.254	255.255.255.0	—
	VLANIF 1	26.29.0.2	255.255.255.0	—

```
[S0] interface GigabitEthernet 0/0/1
[S0-Ethernet0/0/1]port link-type trunk
[S0-Ethernet0/0/1]port trunk allow-pass vlan all

[S0]interface Vlanif10
[S0-Vlanif10]interface vlanif10
[S0-Vlanif10]ip add 26.29.1.254 24
[S0-Vlanif10]interface vlanif20
[S0-Vlanif20]ip add 26.29.2.254 24
[S0-Vlanif20]interface vlanif1
[S0-Vlanif1]ip add 26.29.0.2 24
```

验证 VLAN 10 和 VLAN 20 之间设备的连通性，如图 16-8 所示。

（8）配置秦淮校区网络与外部网络的连通。

第 1 步：配置三层交换机上的静态路由。

```
[S0] ip route-static 0.0.0.0 0 26.29.0.1
```

第 2 步：配置秦淮校区路由器上的 OSPF 协议。

```
[Rqh]vlan 1
[Rqh-vlan1]acl number 2000
[Rqh-acl-basic-2000]rule 5 permit source 26.29.0.0 0.0.15.255
[Rqh-acl-basic-2000]quit
[Rqh]ip route-static 26.29.1.0 24 26.29.0.2
```

```
[Rqh]ip route-static 26.29.2.0 24 26.29.0.2

[Rqh]ospf 1
[Rqh-ospf-1]area 1
[Rqh-ospf-1-area-0.0.0.1]network 26.29.1.0 0.0.0.255
[Rqh-ospf-1-area-0.0.0.1]network 26.29.2.0 0.0.0.255
[Rqh-ospf-1-area-0.0.0.1]import-route static
```

```
PC>ping 26.29.2.1

Ping 26.29.2.1: 32 data bytes, Press Ctrl_C to break
From 26.29.2.1: bytes=32 seq=1 ttl=127 time=78 ms
From 26.29.2.1: bytes=32 seq=2 ttl=127 time=110 ms

--- 26.29.2.1 ping statistics ---
  2 packet(s) transmitted
  2 packet(s) received
  0.00% packet loss
  round-trip min/avg/max = 78/94/110 ms

PC>ping 26.29.2.4

Ping 26.29.2.4: 32 data bytes, Press Ctrl_C to break
From 26.29.2.4: bytes=32 seq=1 ttl=127 time=94 ms
From 26.29.2.4: bytes=32 seq=2 ttl=127 time=109 ms
From 26.29.2.4: bytes=32 seq=3 ttl=127 time=125 ms
From 26.29.2.4: bytes=32 seq=4 ttl=127 time=157 ms
From 26.29.2.4: bytes=32 seq=5 ttl=127 time=78 ms

--- 26.29.2.4 ping statistics ---
  5 packet(s) transmitted
  5 packet(s) received
  0.00% packet loss
```

图 16-8　VLAN 10 和 VLAN 20 通过三层交换机连通

第 3 步：配置完成后，测试 VLAN 区域和外界的连通性。发现 VLAN 区域和外界可以连通，如图 16-9～图 16-11 所示。

```
PC>ping 28.53.0.10

Ping 28.53.0.10: 32 data bytes, Press Ctrl_C to break
From 28.53.0.10: bytes=32 seq=1 ttl=122 time=125 ms
From 28.53.0.10: bytes=32 seq=2 ttl=122 time=93 ms
From 28.53.0.10: bytes=32 seq=3 ttl=122 time=110 ms
From 28.53.0.10: bytes=32 seq=4 ttl=122 time=78 ms
From 28.53.0.10: bytes=32 seq=5 ttl=122 time=109 ms

--- 28.53.0.10 ping statistics ---
  5 packet(s) transmitted
  5 packet(s) received
  0.00% packet loss
  round-trip min/avg/max = 78/103/125 ms

PC>ping 23.104.0.10

Ping 23.104.0.10: 32 data bytes, Press Ctrl_C to break
From 23.104.0.10: bytes=32 seq=1 ttl=122 time=109 ms
From 23.104.0.10: bytes=32 seq=2 ttl=122 time=110 ms
From 23.104.0.10: bytes=32 seq=3 ttl=122 time=125 ms
From 23.104.0.10: bytes=32 seq=4 ttl=122 time=78 ms
From 23.104.0.10: bytes=32 seq=5 ttl=122 time=94 ms

--- 23.104.0.10 ping statistics ---
```

图 16-9　秦淮校区 ping 重庆校区和石家庄校区

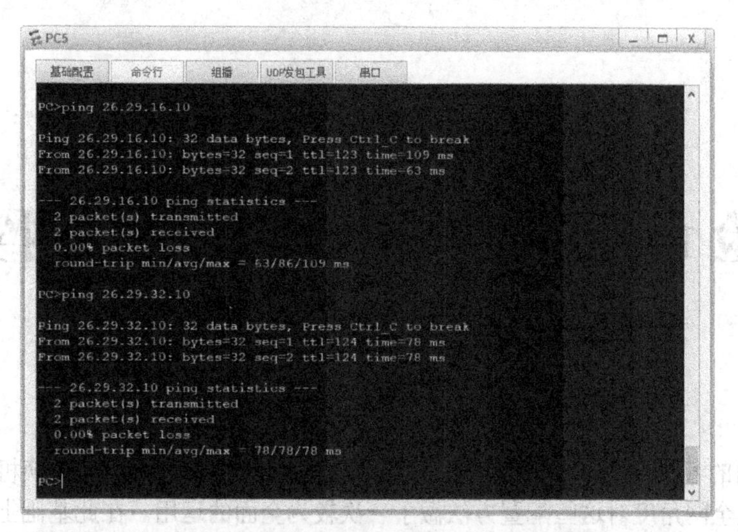

图 16-10　秦淮校区 ping 鼓楼校区和玄武校区

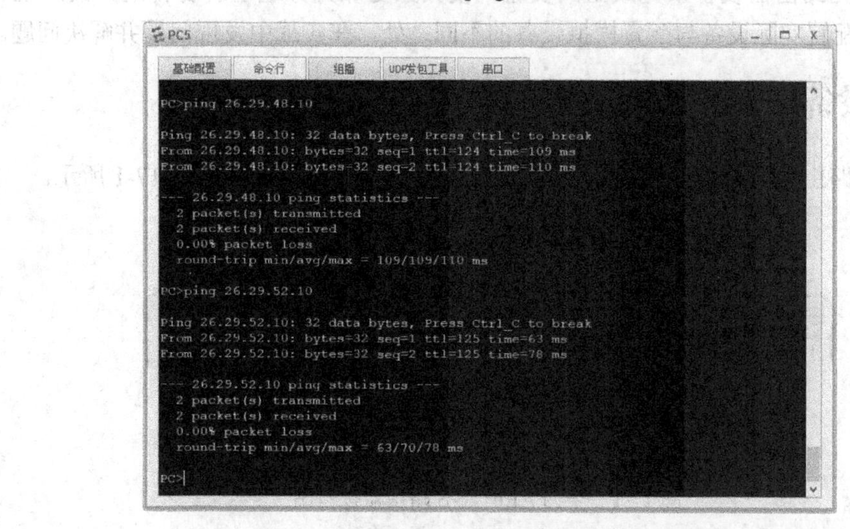

图 16-11　秦淮校区 ping 仙林校区和江宁校区

实验 17　华为实际设备综合组网实验

通过前面的各专题及综合组网模拟实验，我们已经掌握了路由器和交换机的基本配置方法。同时，从全网角度对这些配置方法做了一次较为全面的运用。在此基础上，本次实验将使用实际的华为路由器设备来完成组网实验，使大家更加充分地理解各种配置的原理和方法，切身感受配置实际设备与配置模拟设备的不同之处，在实战中发现问题并解决问题。

实验设备

（1）华为路由器 AR6120-S 5 台，华为 AR6120-S 路由器接口图如图 17-1 所示。

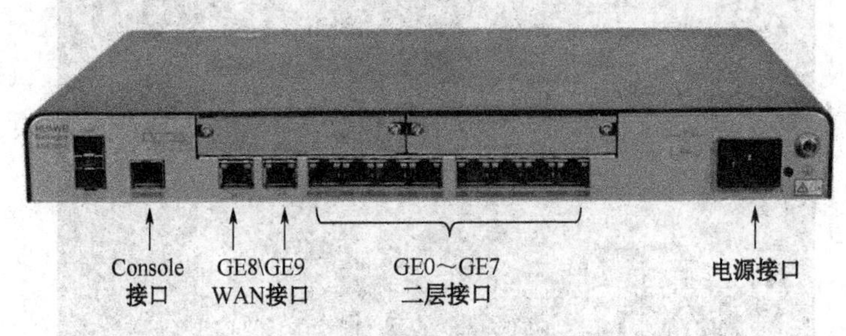

图 17-1　华为 AR6120-S 路由器接口图

本次实验采用的 AR6120-S 路由器其特点为：实现了光口和电口的自动切换。其中 GE0～GE7 为二层接口，GE8 和 GE9 为 WAN 接口。Console 接口是典型的配置接口。使用 Console 线直接连接至计算机的串口，利用终端仿真程序在本地配置路由器。路由器的 Console 接口多为 RJ-45 接口，并标记有“CONSOLE”字样。

华为 AR6120-S 路由器参数表如表 17-1 所示。

表 17-1　华为 AR6120-S 路由参数表

带机量	400 台 PC	
接口	固定 WAN 接口	1*10GE Combo（光电复用接口），1*GE 电，1*10GE 光（兼容 GE 光）
	固定 LAN 接口	8*GE 电（可切换为 WAN 口）
尺寸	44.5mm×390mm×232.5mm	

（2）网线若干。

（3）主机 6 台。

实验内容

本实验采用图 17-2 所示的拓扑连接关系模拟一个小型网络，网络中设计两个自治域，分别采用 RIP 协议和 OSPF 协议，边界网关路由器上运行 BGP 协议。在 AS100 中，交换机下设置两个 VLAN。通过配置，使任意两台主机间可以相互 ping 通。

具体要求如下。

（1）所有路由器均采用 DHCP 方式，使得主机接入后可以自动获取 IP 地址。

（2）交换机下划分 VLAN 10 和 VLAN 20。

（3）通过单臂路由方式实现 VLAN 互通。

（4）AS 100 采用 RIP 路由协议。

（5）AS 200 采用 OSPF 路由协议。

（6）边界路由器采用 BGP 路由协议。

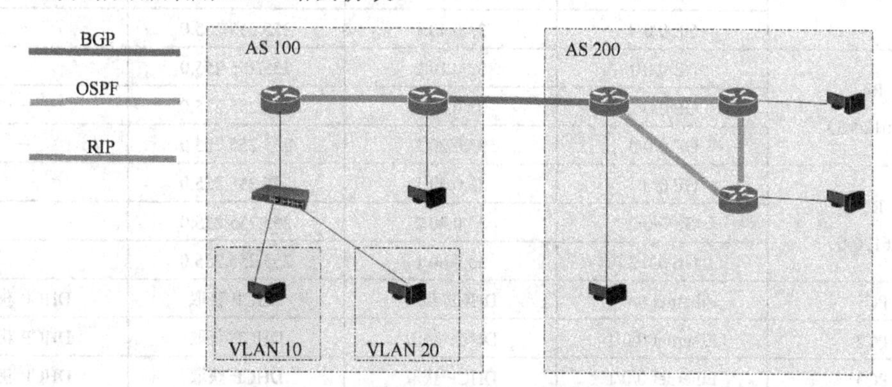

图 17-2　实际设备综合组网拓扑图

实验配置

为便于读者了解实装接口情况，现将 eNSP 模拟接口示意图表示如图 17-3 所示，在配置时可作为参照。

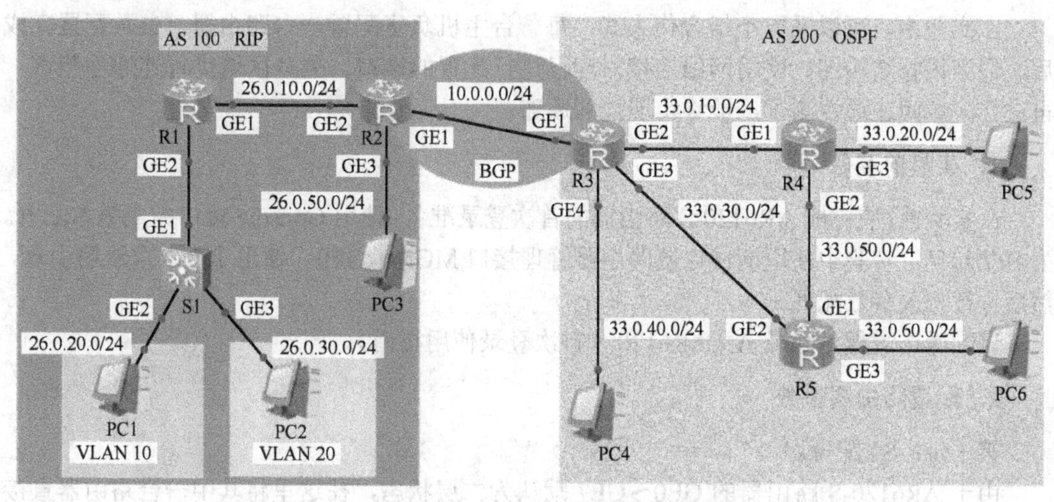

图 17-3　实际设备综合组网接口示意图

根据网络拓扑上给出的网段地址，给出编址配置如表 17-2 所示。

表 17-2　编址配置

设备名称	接　口	IP 地址	子网掩码	默认网关
R1（AR6120-S）	GE 0/0/1	26.0.10.1	255.255.255.0	—
	GE 0/0/2.1	26.0.20.1	255.255.255.0	—
	GE 0/0/2.2	26.0.30.1	255.255.255.0	—
R2（AR6120-S）	GE 0/0/1	10.0.0.2	255.255.255.0	—
	GE 0/0/2	26.0.10.2	255.255.255.0	—
	GE 0/0/3	26.0.50.1	255.255.255.0	—
R3（AR6120-S）	GE 0/0/1	10.0.0.1	255.255.255.0	—
	GE 0/0/2	33.0.10.1	255.255.255.0	—
	GE 0/0/3	33.0.30.1	255.255.255.0	—
	GE 0/0/4	33.0.40.1	255.255.255.0	—
R4（AR6120-S）	GE 0/0/1	33.0.10.2	255.255.255.0	—
	GE 0/0/2	33.0.50.2	255.255.255.0	—
	GE 0/0/3	33.0.20.1	255.255.255.0	—
R5（AR6120-S）	GE 0/0/1	33.0.50.1	255.255.255.0	—
	GE 0/0/2	33.0.30.2	255.255.255.0	—
	GE 0/0/3	33.0.60.1	255.255.255.0	—
PC1	Ethernet 0/0/1	DHCP 获取	DHCP 获取	DHCP 获取
PC2	Ethernet 0/0/1	DHCP 获取	DHCP 获取	DHCP 获取
PC3	Ethernet 0/0/1	DHCP 获取	DHCP 获取	DHCP 获取
PC4	Ethernet 0/0/1	DHCP 获取	DHCP 获取	DHCP 获取
PC5	Ethernet 0/0/1	DHCP 获取	DHCP 获取	DHCP 获取
PC6	Ethernet 0/0/1	DHCP 获取	DHCP 获取	DHCP 获取

实验步骤

在实验中，可以采取小组合作方式，每一台主机负责配置一台路由器，参数配置完成后，根据拓扑结构图，使用网线连接对应已进行配置的接口，先分区域进行连通性测试，再进行区域间连通性测试，最终实现全网通连。

1．实验前准备

在实验前，应完成 AR6120-S 路由器的首次登录准备，使用 Console 接口完成基本配置。为简便起见，实验中使用网线连接路由器管理接口 MGMT/GE0，使用 Telnet 登录路由器，然后进行相关参数配置。

详细操作流程见附录 A（AR6120-S 首次登录使用指南）。

2．配置路由器参数

第 1 步：S1 配置。

由于 AR6120-S 路由器的 GE0～GE7 默认为二层状态，在这里将其中一台路由器直接作为交换机使用。如果要使用其三层功能，需要使用 undo portswitch 命令开启三层模式。

① 配置交换机的 VLAN。

```
[S1]vlan batch 10 20

[S1]interface GigabitEthernet 0/0/1
[S1-GigabitEthernet 0/0/1]port link-type trunk
[S1-GigabitEthernet 0/0/1]port trunk allow-pass vlan all

[S1-GigabitEthernet 0/0/1]int g0/0/2
[S1-GigabitEthernet 0/0/2]port link-type access
[S1-GigabitEthernet 0/0/2]port default vlan 10

[S1-GigabitEthernet 0/0/2]interface GigabitEthernet 0/0/3
[S1-GigabitEthernet 0/0/3]port link-type access
[S1-GigabitEthernet 0/0/3]port default vlan 20
```

② 保存配置。

这里需要强调的是，每台路由器配置完成后，应注意保存，使配置的参数生效。

```
<S1>save
```

第 2 步：R1 配置。

① IP 地址配置。配置 GE1 接口，该接口与 R2 的 GE2 接口相连。

```
[R1]int g0/0/1
[R1-GigabitEthernet0/0/1]undo portswitch
[R1-GigabitEthernet0/0/1]ip address 26.0.10.1 24
```

② DHCP 配置。为两个 VLAN 开启 DHCP 地址池。

```
[R1]dhcp enable

[R1]ip pool vlan10-pool
[R1-ip-pool-vlan10-pool]gateway-list 26.0.20.1
[R1-ip-pool-vlan10-pool]network 26.0.20.0 mask 24

[R1-ip-pool-vlan10-pool]ip pool vlan20-pool
[R1-ip-pool-vlan20-pool]gateway-list 26.0.30.1
[R1-ip-pool-vlan20-pool]network 26.0.30.0 mask 24

[R1-ip-pool-vlan20-pool]dns-lis 8.8.8.8
```

③ 在 R1 与交换机相连的接口 GE2 上配置虚接口，并配置相应 VLAN，开启 DHCP 服务。

```
[R1]interface GigabitEthernet 0/0/2.1
[R1-GigabitEthernet0/0/2.1]ip address 26.0.20.1 24
[R1-GigabitEthernet0/0/2.1]dot1q termination vid 10
[R1-GigabitEthernet0/0/2.1]arp broadcast enable
[R1-GigabitEthernet0/0/2.1]dhcp select global
[R1-GigabitEthernet0/0/2.1]quit

[R1]interface GigabitEthernet 0/0/2.2
[R1-GigabitEthernet0/0/2.2]ip address 26.0.30.1 24
[R1-GigabitEthernet0/0/2.2]dot1q termination vid 20
```

```
[R1-GigabitEthernet0/0/2.2]arp broadcast enable
[R1-GigabitEthernet0/0/2.2]dhcp select global
[R1-GigabitEthernet0/0/2.2]quit
```

④ 配置 R1 的 RIP 协议。

```
[R1]rip
[R1-rip-1]version 1
[R1-rip-1]network 26.0.0.0
```

⑤ 保存配置。

```
<R1>save
```

第 3 步：R2 配置。

```
<R2>sys
[R2]int GigabitEthernet 0/0/1
[R2-GigabitEthernet0/0/1]undo portswitch
[R2-GigabitEthernet0/0/1]ip add 10.0.0.2 24

[R2-GigabitEthernet0/0/1]int GigabitEthernet 0/0/2
[R2-GigabitEthernet0/0/2]undo portswitch
[R2-GigabitEthernet0/0/2]ip add 26.0.10.2 24

[R2-GigabitEthernet0/0/2]int GigabitEthernet 0/0/3
[R2-GigabitEthernet0/0/3]undo portswitch
[R2-GigabitEthernet0/0/3]ip add 26.0.50.1 24
```

① 配置端口地址。

② 配置接口的 DHCP。

```
[R2]dhcp enable
[R2]interface GigabitEthernet 0/0/3
[R2-GigabitEthernet0/0/3]dhcp select interface
[R2-GigabitEthernet0/0/3]dhcp server lease day 7
[R2-GigabitEthernet0/0/3]dhcp server dns-list 8.8.8.8
```

③ R2 的 RIP 配置。

```
[R2]rip
[R2-rip-1]version 1
[R2-rip-1]network 26.0.0.0
```

④ R2 的 BGP 配置，完成路由重分布。

```
[R2]bgp 100
[R2-bgp]router-id 10.0.0.2
[R2-bgp]peer 10.0.0.1 as-number 200
[R2-bgp]import-route rip 1
[R2-bgp]import-route direct

[R2-bgp]rip
[R2-rip-1]import-route bgp
```

⑤ 保存配置。

```
<R2>save
```

第 4 步：R3 配置。

① 配置端口 IP 地址。

```
[R3]int g0/0/1
[R3-GigabitEthernet0/0/1]undo portswitch
[R3-GigabitEthernet0/0/1]ip address 10.0.0.1 24

[R3]int g0/0/2
[R3-GigabitEthernet0/0/2]undo portswitch
[R3-GigabitEthernet0/0/2]ip address 33.0.10.1 24

[R3]int g0/0/3
[R3-GigabitEthernet0/0/3]undo portswitch
[R3-GigabitEthernet0/0/3]ip address 33.0.30.1 24

[R3]int g0/0/4
[R3-GigabitEthernet0/0/4]undo portswitch
[R3-GigabitEthernet0/0/4]ip address 33.0.40.1 24
```

② 接口的 DHCP 配置。

```
[R3]dhcp enable
[R3]interface GigabitEthernet 0/0/4
[R3-GigabitEthernet0/0/4]dhcp select interface
[R3-GigabitEthernet0/0/4]dhcp server lease day 7
[R3-GigabitEthernet0/0/4]dhcp server dns-list 8.8.8.8
```

③ R3 的 OSPF 协议配置。

```
[R3]ospf 1
[R3-ospf-1]area 0
[R3-ospf-1-area-0.0.0.0]network 33.0.10.0 0.0.0.255
[R3-ospf-1-area-0.0.0.0]network 33.0.30.0 0.0.0.255
[R3-ospf-1-area-0.0.0.0]network 33.0.40.0 0.0.0.255
```

④ R3 的 BGP 协议配置，完成路由重分布。

```
[R3]bgp 200
[R3-bgp]peer 10.0.0.2 as-number 100
[R3-bgp]import-route ospf 1
[R3-bgp]import-route direct

[R3-bgp]ospf
[R3-ospf-1]import-route bgp

<R3>save
```

⑤ 保存配置。

```
<R3>save
```

第 5 步：R4 配置。

① 配置端口 IP 地址。

```
[R4]int g0/0/1
[R4-GigabitEthernet0/0/1]undo portswitch
[R4-GigabitEthernet0/0/1]ip address 33.0.10.2 24
```

```
[R4]int g0/0/2
[R4-GigabitEthernet0/0/2]undo portswitch
[R4-GigabitEthernet0/0/2]ip address 33.0.50.2 24

[R4]int g0/0/3
[R4-GigabitEthernet0/0/3]undo portswitch
[R4-GigabitEthernet0/0/3]ip address 33.0.20.1 24
```

② 接口的 DHCP 配置。

```
[R4]dhcp enable
[R4]interface GigabitEthernet 0/0/3
[R4-GigabitEthernet0/0/3]dhcp select interface
[R4-GigabitEthernet0/0/3]dhcp server lease day 7
[R4-GigabitEthernet0/0/3]dhcp server dns-list 8.8.8.8
```

③ R4 的 OSPF 配置。

```
[R4]ospf 1
[R4-ospf-1]area 0
[R4-ospf-1-area-0.0.0.0]network 33.0.10.0 0.0.0.255
[R4-ospf-1-area-0.0.0.0]network 33.0.20.0 0.0.0.255
[R4-ospf-1-area-0.0.0.0]network 33.0.50.0 0.0.0.255
```

④ 保存配置。

```
<R4>save
```

第 6 步：R5 配置。

① 配置端口 IP 地址。

```
[R5]int g0/0/1
[R5-GigabitEthernet0/0/1]undo portswitch
[R5-GigabitEthernet0/0/1]ip address 33.0.50.1 24

[R5]int g0/0/2
[R5-GigabitEthernet0/0/2]undo portswitch
[R5-GigabitEthernet0/0/2]ip address 33.0.30.2 24

[R5]int g0/0/3
[R5-GigabitEthernet0/0/3]undo portswitch
[R5-GigabitEthernet0/0/3]ip address 33.0.60.1 24
```

② 接口的 DHCP 配置。

```
[R5]dhcp enable
[R5]interface GigabitEthernet 0/0/3
[R5-GigabitEthernet0/0/3]dhcp select interface
[R5-GigabitEthernet0/0/3]dhcp server lease day 7
[R5-GigabitEthernet0/0/3]dhcp server dns-list 8.8.8.8
```

③ R5 的 OSPF 协议配置。

```
[R5]ospf 1
[R5-ospf-1]area 0
[R5-ospf-1-area-0.0.0.0]network 33.0.60.0 0.0.0.255
[R5-ospf-1-area-0.0.0.0]network 33.0.30.0 0.0.0.255
```

```
[R5-ospf-1-area-0.0.0.0]network 33.0.50.0 0.0.0.255
```

④ 保存配置。

```
<R5>save
```

第 7 步：配置运行 OSPF 路由协议的路由器 Router-ID。

在 OSPF 路由协议域中，每一个路由器必须有一个独立的路由器标识，路由器 ID 号以 IP 地址形式表示，唯一标识这台路由器的身份。其确定方法如下。

使用 router-id 命令指定 Router ID（手动指定，优先级最高）。如果该路由器配置了 LoopBack 接口的 IP 地址，那么这个 IP 地址就是该路由器的路由器 ID（自动选举）；如果没有配置 LoopBack 接口的 IP 地址，那么该路由器的各个接口中最大的 IP 地址就是该路由器的路由器 ID（自动选举）。

在前面学习过的 OSPF 实验中，由于各个路由器可以获得不同的路由器 ID 值，因此未遇到因路由器 ID 值相同而无法形成完整路由表的情形；但是在实际设备完成组网实验中，由于前期为路由器做基础配置时，网络管理口 GE0 默认加入 VLAN 1，地址设置为 192.168.1.1，本次实验中设计的网段地址均小于此地址，因此 OSPF 域内的路由器均将自身的路由器 ID 设置为 192.158.1.1，导致在根据拓扑结构完成连接关系后，OSPF 域内路由器的 ID 号不是唯一，因此域内主机无法相互连通。此时需要对路由器 ID 号进行重新配置，确保域内唯一。

以 R5 路由器为例设置路由器 ID。设置方法有以下两种。

方法一：在全局下设置。

```
<R5>system-view
[R5]router id 192.168.1.2    #修改路由器的ID号，确保OSPF内的路由器ID的唯一性
<R5>reset ospf process       #重启路由器OSPF进程
<R5>display router id        #查看路由器ID号
<R5>display ospf peer        #查看OSPF邻居信息
```

方法二：在 OSPF 中设置。首先在系统视图下使用 ospf router-id 命令来配置 OSPF 协议的私有 Router-ID，然后在用户视图下使用 reset ospf process 命令重启路由器 OSPF 进程。以 R5 为例：

```
[R5]ospf 1 router-id 192.168.1.2 #修改路由器的ID号，确保OSPF内的路由器ID的唯一性
<R5>reset ospf process           #重启路由器OSPF进程
```

其他 OSPF 域内路由器 R3 和 R4 均应做此修改，确保每个路由器的 ID 号域内唯一。

第 8 步：验证。

① 主机的 IP 地址获取情况，以 PC2 为例。

```
PC>ipconfig


Link local IPv6 address..........: fe80::5689:98ff:fec9:b57
IPv6 address.....................: :: / 128
IPv6 gateway.....................: ::
IPv4 address.....................: 26.0.30.254
Subnet mask......................: 255.255.255.0
Gateway..........................: 26.0.30.1
Physical address.................: 54-89-98-C9-0B-57
DNS server.......................: 8.8.8.8
```

② PC1 与 PC2 的连通测试。在 PC1 上 ping PC2 的地址。从结果来看，采用单臂路由

方式，在一个路由器的物理接口上配置子接口可以通过第三层完成隔离的 VLAN 相互通信。

```
PC>ping 26.0.30.254

Ping 26.0.30.254: 32 data bytes, Press Ctrl_C to break
From 26.0.30.254: bytes=32 seq=1 ttl=127 time=109 ms
From 26.0.30.254: bytes=32 seq=2 ttl=127 time=78 ms
From 26.0.30.254: bytes=32 seq=3 ttl=127 time=125 ms
From 26.0.30.254: bytes=32 seq=4 ttl=127 time=94 ms
From 26.0.30.254: bytes=32 seq=5 ttl=127 time=94 ms

--- 26.0.30.254 ping statistics ---
  5 packet(s) transmitted
  5 packet(s) received
  0.00% packet loss
  round-trip min/avg/max = 78/100/125 ms
```

③ AS100 自治域内部连通测试。在 PC1 上 ping PC3，可以连通。

```
PC>ping 26.0.50.254

Ping 26.0.50.254: 32 data bytes, Press Ctrl_C to break
From 26.0.50.254: bytes=32 seq=1 ttl=126 time=63 ms
From 26.0.50.254: bytes=32 seq=2 ttl=126 time=31 ms
From 26.0.50.254: bytes=32 seq=3 ttl=126 time=78 ms
From 26.0.50.254: bytes=32 seq=4 ttl=126 time=47 ms
From 26.0.50.254: bytes=32 seq=5 ttl=126 time=31 ms

--- 26.0.50.254 ping statistics ---
  5 packet(s) transmitted
  5 packet(s) received
  0.00% packet loss
  round-trip min/avg/max = 31/50/78 ms
```

④ 两个自治域间进行连通测试。在 PC1 上 ping PC6，可以连通。

```
PC>ping 33.0.60.254

Ping 33.0.60.254: 32 data bytes, Press Ctrl_C to break
From 33.0.60.254: bytes=32 seq=1 ttl=124 time=63 ms
From 33.0.60.254: bytes=32 seq=2 ttl=124 time=47 ms
From 33.0.60.254: bytes=32 seq=3 ttl=124 time=46 ms
From 33.0.60.254: bytes=32 seq=4 ttl=124 time=63 ms
From 33.0.60.254: bytes=32 seq=5 ttl=124 time=78 ms

--- 33.0.60.254 ping statistics ---
  5 packet(s) transmitted
  5 packet(s) received
  0.00% packet loss
  round-trip min/avg/max = 46/59/78 ms
```

附录 A　AR6120-S 首次登录使用指南

一、使用 Console 口登录前准备

连接 Console 口需要使用串行调试线，可以使用 DB9-RJ45 调试线，也可以使用 USB-RJ45 调试线。这里介绍的是使用 USB-RJ45 的 Console 调试线，型号是绿联 CM204。

1．安装调试线驱动

USB-RJ45 的 Console 调试线使用的是 FTDI232RL 芯片，使用前需要安装驱动。根据操作系统选择安装相关驱动（本例中使用的 Windows 10 系统，安装文件是 windows/CDM21226_setup.exe）。

驱动安装成功后，打开“计算机管理”→“设备管理器”，查看端口（COM 和 LPT），会多出 USB Serial Port，如附图 A-1 所示。

附图 A-1　端口信息

这里需要记住新增的端口号 COM5，后面配置串口时需要使用（有时候为 COM3，根据实际情况记住端口号）。

2．连接调试线

将调试线 USB 端接入 PC，RJ45 端接入路由器的 Console 口，在路由器的后面板上，有“CONSOLE”丝印，如附图 A-2 所示。

附图 A-2　路由器 Console 接口图

3．配置终端仿真软件

在 PC 打开终端仿真软件，新建连接，设置连接的接口以及通信参数，这里使用第三

方软件 SecureCRT 为例进行介绍。

第 1 步：如附图 A-3 所示，单击“快速连接”（Connect）按钮，新建连接。

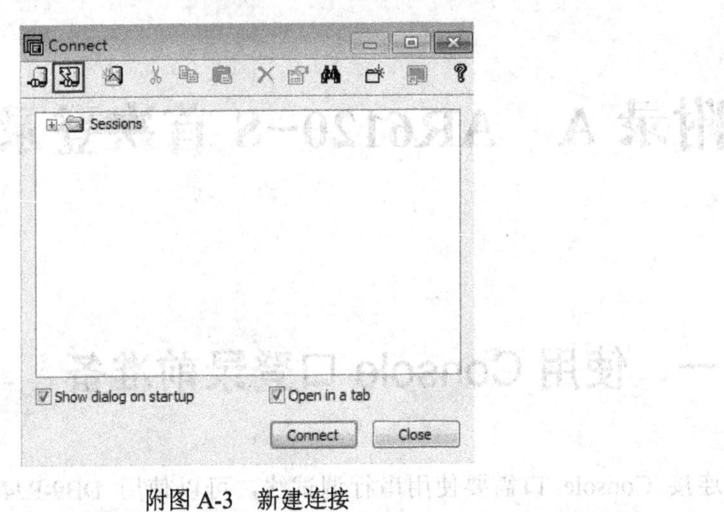

附图 A-3　新建连接

第 2 步：按附图 A-4，设置连接接口及通信参数。

协议选择 Serial。这里连接的接口为 COM5（安装调试线驱动时设备管理器中新增的串口）。设置终端软件的通信参数需与设备保持一致，默认值分别为：传输速率为 9600bps、8 位数据位、1 位停止位、无校验和无流控。

默认情况下，设备没有流控方式。RTS/CTS 默认情况下处于使能状态，因此需要将该复选框取消选中，否则终端界面中无法输入命令行。

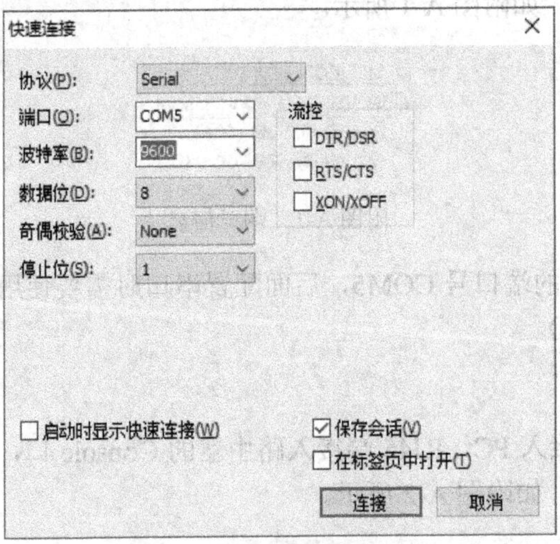

附图 A-4　连接接口参数设置

第 3 步：单击“连接”按钮，按 Enter 键后终端界面会出现如下显示信息，提示用户登录。

```
Login authentication
User name:
```

二、首次登录路由器的配置

1．使用默认密码首次登录路由器

本书使用的路由器型号为 AR6120-S，版本是 V300R019C10SPC200，Console 默认用户名和密码分别是 admin，admin@huawei.com。输入用户名后按 Enter 键，密码输入时不显示输入内容，正确输入完毕后按 Enter 键，提示如下信息。

```
Info: The entered password is the same as the default. You are advised to change
it to ensure security.
```

这时必须重新设置密码，不能再使用默认密码。这里设置的新密码为 Data123。需要说明的是：采用交互方式输入的密码不会在终端屏幕上显示出来；建议登录设备后及时更改密码并定时更新，以保证安全性；如果配置文件中存在明文密码或输入的密码属于弱安全加密密码，用户登录设备时，系统会提示：

```
"There are security risks in the configuration file. You are advised to save
the configuration immediately. If you choose to save, the current configuration
file will be unavailable after version downgrade. Are you sure to save
now?[y/n]:"
```

如果需要保存当前配置，选择 y，并按 Enter 键。如果不需要保存当前配置，选择 n，并按 Enter 键。建议用户选择 y。

用户通过 Console 口登录新出厂（或没有启动配置文件）的设备时，系统会提示：

```
"Auto-Config is working. Before configuring the device, stop Auto-Config. If
you perform configurations when Auto-Config is running, the DHCP, routing, DNS,
and VTY configurations will be lost. Do you want to stop Auto-Config? [y/n]:"
```

如果需要进行 Auto-Config，选择 n，并按 Enter 键。如果不需要进行 Auto-Config，选择 y，并按 Enter 键。

（如果遇到上述显示信息，选择为加粗选项）

2．首次登录后的基本配置

设置系统的日期、时间和时区：

```
<Huawei> clock timezone BJ add 08:00:00
<Huawei> clock datetime 20:10:00 2020-03-26
```

设置 Telnet 用户的级别和认证方式：

```
<Huawei> system-view  # 进入系统视图
[Huawei] telnet server enable
[Huawei] user-interface vty 0 4
[Huawei-ui-vty0-4] user privilege level 15
[Huawei-ui-vty0-4] authentication-mode aaa
[Huawei-ui-vty0-4] quit
[Huawei] aaa
[Huawei-aaa] local-user test password irreversible-cipher hello@data    #配
置一个test用户，初始密码是hello@data
[Huawei-aaa] local-user test privilege level 15
```

```
[Huawei-aaa] local-user test service-type telnet
[Huawei-aaa] local-user test idle-timeout 0  # 实际中不推荐使用，这里为了实验的方便，设置为永不超时，否则在登录情况下5分钟内无输入动作即超时登录
[Huawei-aaa] quit
```

设置基于 vlanif 1 接口的 DHCP 服务器，vlanif 1 为路由器默认建立的 VLAN，IP 地址为 192.168.1.1，网管口默认加入该 VLAN。

```
[Huawei]dhcp enable
[Huawei] interface vlanif 1
[Huawei-Vlanif1] dhcp select interface
[Huawei -Vlanif1] dhcp server lease day 1
[Huawei -Vlanif1] dhcp server domain-name data
[Huawei -Vlanif1] dhcp server gateway-list 192.168.1.1
[Huawei -Vlanif1] return
```

保存配置信息：

```
<Huawei> save
```

通过上述配置，增加了一个 test 用户，可以使用 Telnet 进行路由器登录，初始密码是 hello@data。并且在以后的 Telnet 登录过程中，PC 只需将网口设置为自动获得 IP 地址即可。

配置完成后，可以使用如下命令（用户模式下）检查配置结果。

（1）执行 display clock 命令，查看系统当前日期和时钟。

（2）执行 display ip interface brief [interface-type [interface-number]]命令，查看接口上 IP 地址的简要信息。

（3）执行 display user-interface [ui-type ui-number1 | ui-number] [summary]命令，查看用户界面的物理属性和配置。

（4）执行 display local-user 命令，查看本地用户列表。

（5）执行 display ip pool interface vlanif1 命令，查看接口的地址池的分配情况。

三、使用 Telnet 登录路由器

使用 Telnet 登录路由器的好处是不需要使用 Console 调试线，使用普通网线即可，方便快捷，缺点是安全性较差。

（1）连接路由器管理接口。网线一端连接 PC，一端连接路由器管理接口，如附图 A-5 所示。

附图 A-5　路由器管理接口图

AR6120-S 默认网管接口的 IP 地址为 192.168.1.1/24，由于路由器设置了 DHCP 服务器功能，因此只需要将 PC 的网口设置为自动获得 IP 地址即可。

（2）使用 SecureCRT 新建一个 Telnet 连接并进行配置，参数如附图 A-6 所示。

快速连接
协议(P): Telnet
主机名(H): 192.168.1.1
端口(O): 23　防火墙(F): None
☐启动时显示快速连接(W)　☑保存会话(V)
☐在标签页中打开(T)
连接　取消

附图 A-6　新建 Telnet 连接界面

（3）单击“连接”按钮，按 Enter 键，没有默认用户名和密码，需要输入 AAA 验证方式配置的登录用户名和密码，使用前面建立的用户名 test 和密码 hello@data 登录。首次登录成功后，提示修改初始密码，这里修改为 hello@data7。验证通过后，进入设备的命令行界面，如附图 A-7 所示，至此成功登录设备，进行路由器配置和操作（以下显示信息仅为示意）。

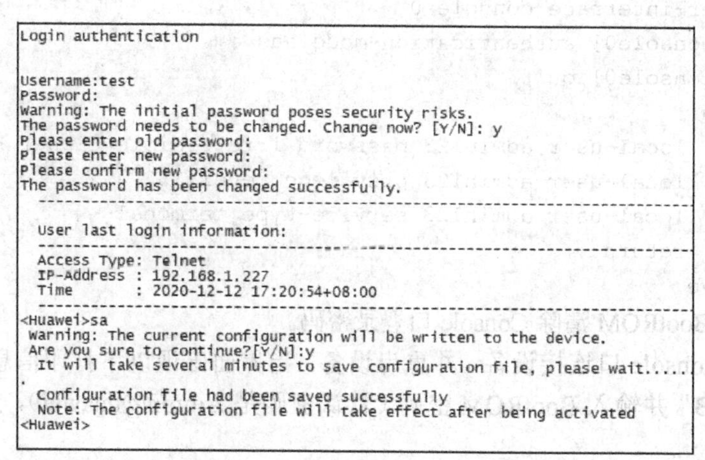

```
Login authentication


Username:test
Password:
Warning: The initial password poses security risks.
The password needs to be changed. Change now? [Y/N]: y
Please enter old password:
Please enter new password:
Please confirm new password:
The password has been changed successfully.
-------------------------------------------------------------------------------
  User last login information:
  -----------------------------------------------------------------------------
  Access Type: Telnet
  IP-Address : 192.168.1.227
  Time       : 2020-12-12 17:20:54+08:00
-------------------------------------------------------------------------------
<Huawei>sa
 Warning: The current configuration will be written to the device.
 Are you sure to continue?[Y/N]:y
  It will take several minutes to save configuration file, please wait.....
.
  Configuration file had been saved successfully
  Note: The configuration file will take effect after being activated
<Huawei>
```

附图 A-7　登录界面显示信息示意

```
<Telnet Server>save
```

这里需要注意的是：当密码输入错误时，登录认证失败后对用户 IP 地址进行锁定。当用户输入用户名或密码错误导致登录失败，设备会将登录的用户 IP 地址加入黑名单，第一次登录失败锁定时间为 2s，第二次锁定 4s，第三次锁定 8s，依次递增，连续输错 5 次后，第六次登录失败直接锁定 300s。在锁定时间内，加入黑名单的 IP 地址不允许通过新窗口建立连接。锁定时间超时后，若输入正确的用户名和密码成功登录，IP 地址会从黑名单移除并记录恢复日志；若再次登录失败，会继续锁定 300s。设备支持同时锁定 IP 地址最多为

32 个。超出 32 个，新加入黑名单的 IP 地址会覆盖时间最早的一条记录。

用户可以在 Console 登录设备情况下，进行锁定用户的配置。

```
<Huawei> system-view
[Huawei] system lock type { ip | none }，配置系统锁定对象的类型。
```

在默认情况下，系统锁定对象的类型为 IP 地址，即用户通过 SFTP、STelnet、Telnet 和 FTP 协议访问设备，当输入用户名和密码登录认证失败次数达到设定次数时，系统会锁定用户的 IP 地址。

四、FAQ

1．忘记 Console 口登录密码怎么办？

如果忘记了 Console 口登录密码，用户可以通过以下两种方式来配置新的 Console 口登录密码。

（1）通过 STelnet/Telnet 登录设备配置新的 Console 口登录密码。

以下涉及的命令行及回显信息以 Telnet 登录设备修改 Console 口密码为例。用户通过 Telnet 账号登录设备后，请按照如下步骤进行配置。

以登录用户界面的认证方式为 AAA 认证，用户名为 admin123，密码为 Huawei@123 为例。

```
<Huawei> system-view
[Huawei] user-interface console 0
[Huawei-ui-console0] authentication-mode aaa
[Huawei-ui-console0] quit
[Huawei] aaa
[Huawei-aaa] local-user admin123 password irreversible-cipher Huawei@123
[Huawei-aaa] local-user admin123 privilege level 15
[Huawei-aaa] local-user admin123 service-type terminal
[Huawei-aaa] return
<Huawei> save
```

（2）通过 BootROM 清除 Console 口登录密码。

① 通过 Console 口连接设备，并重启设备。当界面出现以下打印信息时，及时按下组合键“Ctrl+B”并输入 BootROM 密码（默认密码是 Admin@huawei），进入 BootROM 主菜单。

```
Press Ctrl+B to break auto startup ... 1

Enter Password:        #输入BootROM密码
```

② 在 BootROM 主菜单下依次选择“Password Manager”→“Clear the console login password”，清除 Console 口登录密码。

③ 依次选择“Return”→“Default Startup”，重新启动设备。

④ 完成系统启动后，通过 Console 口登录时不需要认证。登录设备后，用户可以根据需要配置 Console 用户界面的认证方式及密码。具体配置与通过 STelnet/Telnet 登录设备配

置新的Console口登录密码类似，不再赘述。

特别说明：根据需要配置Console用户界面的认证方式及新密码是必要步骤，否则设备重启后通过Console口登录时依然需要通过老密码认证。

> 更多信息：
>
> ① 通过STelnet/Telnet登录设备配置新的Console口登录密码的前提是：用户拥有STelnet/Telnet账号并且具有管理员的权限。
>
> ② 通过BootROM清除Console口登录密码时，重启设备后“Ctrl+B”阶段很短，只有几秒钟时间，请尽快按住相应的键，如果超时错过需要重新启动设备后再次等待输入。

2．通过Telnet登录设备时忘记密码怎么办？

如果忘记了Telnet登录密码，用户可以通过Console口登录设备后设置新的Telnet登录密码。

以登录VTY0的验证方式为AAA授权验证，用户名为admin123，密码为Huawei@123为例，配置如下。

```
<Huawei> system-view
[Huawei] user-interface vty 0
[Huawei-ui-vty0] protocol inbound telnet
[Huawei-ui-vty0] authentication-mode aaa
[Huawei-ui-vty0] quit
[Huawei] aaa
[Huawei-aaa] local-user admin123 password irreversible-cipher Huawei@123
[Huawei-aaa] local-user admin123 service-type telnet
[Huawei-aaa] local-user admin123 privilege level 15
[Huawei-aaa] return
<Huawei> save
```

3．设备如何恢复到出厂配置？

用户可以根据需求把符合实际环境要求的基本配置设置为出厂配置，这样在执行了恢复出厂配置操作后就不需要再次配置这些基本信息了。当设备出现了未知问题或是设备经过长时间使用导致运行缓慢或者不稳定，可以指定设备出厂时的默认配置为出厂配置来实现恢复初始状态。

长按Reset键（5s以上），设备重启后的配置会恢复至最近指定的出厂配置。若需要恢复至默认的出厂配置，则需进入系统后执行set factory-configuration from default命令。请慎重操作，建议在技术支持人员指导下操作，操作步骤如下。

第1步：执行“set factory-configuration from { current-configuration | filename | default }”命令，指定当前配置或设备上已有的配置文件作为设备的出厂配置，或者指定设备出厂时的默认配置为出厂配置。

第2步：（可选）执行“set factory-configuration operate-mode { reserve-configuration | delete-configuration | delete-user-configuration }”命令，指定恢复出厂配置时的操作方式为保留模式或者删除模式。

如果指定恢复出厂配置时的操作方式为保留模式，那么在恢复出厂配置后，当前的配置文件会被保留。如果指定恢复出厂配置时的操作方式为删除模式，那么在恢复出厂配置后，当前的配置文件不会被保留。

在默认情况下，恢复出厂配置时的操作方式为保留模式。

第 3 步：（可选）执行 factory-configuration reset 命令，设置设备重启后恢复为出厂配置。

第 4 步：执行 system-view 命令，进入系统视图。

第 5 步：（可选）执行 change default-password 命令，开启设备恢复出厂配置时改变 AAA 和 Boot 密码为 Admin@mac 的功能，mac 为当前设备的 MAC 地址删除连线符（-）后的字符串。

如果用户想要关闭设备恢复出厂配置时改变 AAA 和 Boot 密码为 Admin@mac 的功能，可以使用 undo change default-password 命令来进行配置。

在默认情况下，关闭恢复出厂配置时改变 AAA 和 Boot 密码为 Admin@mac 的功能，AAA 密码为 admin@huawei.com，Boot 密码为 Admin@huawei。

第 6 步：（可选）执行 factory-configuration prohibit 命令，长按 Reset 键，设备重启后不恢复出厂设置。

如果用户仍想设置长按 Reset 键恢复出厂配置的功能，可以使用 undo factory-configuration prohibit 命令来进行配置。

检查配置结果：

① 执行 display factory-configuration 命令，查看设备的出厂配置信息。

② 执行 display factory-configuration operate-mode 命令，查看设备恢复出厂配置时的操作方式。

参 考 文 献

[1] 华为技术有限公司．HCNA 网络技术实验指南[M]．北京：人民邮电出版社，2020．
[2] 华为技术有限公司．HCNA 网络技术学校指南[M]．北京：人民邮电出版社，2015．
[3] James F. Kurose Keith W. Ross 著．计算机网络自顶向下方法[M]．陈鸣译．北京：机械工业出版社，2018．
[4] 谢希仁．计算机网络[M]．7 版．北京：电子工业出版社，2017．